全球变化生态学

冯兆忠　王　俊　尚　博　赵发珠等　编著

气象出版社

China Meteorological Press

内容简介

在全球变化背景下,揭示生态系统结构与功能的变化规律,维持生态系统服务功能,对人类和地球的可持续发展有极其重要的意义,从而促生了全球变化生态学这一生态学分支学科。本书内容主要包括全球变化的概念和内涵、生态系统基本过程、全球变化的驱动因子、全球变化对植物生理过程、生态系统物质循环以及生态系统服务的影响、生态系统对全球变化的适应与反馈、全球变化生态学模型模拟。本书不仅介绍了全球变化生态学相关的基本概念,同时也吸纳了全球变化生态学一些最新的研究成果,有利于学生学习相关基础知识的同时把握相关研究动态与前沿。

本书可作为高校生态学、地理学、环境科学、林学、农学等相关专业高年级本科生和研究生课程教材,同时可为生态、生物、地理、环境、农林、气象、水文等相关专业、全球变化生态研究领域相关科研、教学和业务人员提供参考。

图书在版编目(CIP)数据

全球变化生态学 / 冯兆忠等编著. -- 北京 : 气象
出版社, 2023.10 (2024.3重印)
ISBN 978-7-5029-8081-8

Ⅰ. ①全… Ⅱ. ①冯… Ⅲ. ①环境生态学 Ⅳ.
①X171

中国国家版本馆CIP数据核字(2023)第204862号

全球变化生态学

QUANQIU BIANHUA SHENGTAIXUE

冯兆忠　王　俊　尚　博　赵发珠 等　编著

出版发行:气象出版社

地　　址:北京市海淀区中关村南大街 46 号	邮政编码:100081
电　　话:010-68407112(总编室)　010-68408042(发行部)	
网　　址:http://www.qxcbs.com	E-mail:qxcbs@cma.gov.cn
责任编辑:杨泽彬	终　审:张　斌
责任校对:张硕杰	责任技编:赵相宁
封面设计:艺点设计	
印　　刷:中煤(北京)印务有限公司	
开　　本:720 mm×960 mm　1/16	印　张:13
字　　数:260 千字	
版　　次:2023 年 10 月第 1 版	印　次:2024 年 3 月第 2 次印刷
定　　价:68.00 元	

本书如存在文字不清、漏印以及缺页、倒页、脱页等,请与本社发行部联系调换。

前　言

全球变化已经成为地球科学和生命科学的热点研究领域,生态学作为两大学科的交叉学科,越来越深地渗入到全球环境变化研究中,逐渐建立并发展了全球变化生态学。全球变化生态学主要研究全球变化要素对生态系统格局、过程和功能的影响,以及生态系统对全球变化的适应和反馈。人类活动加剧了气候变化、大气成分变化等一系列全球变化问题,迫切需要培养全球变化生态学相关专业人才,应对全球变化并减缓其影响,支撑我国生态文明建设。

我国很多高校生态学专业都设有全球变化生态学课程,然而目前国内尚没有一本较为完整系统的全球变化生态学教科书。因此,我们召集了一批活跃在教学和科研一线、对全球变化基础理论知识和最新研究进展都有较深刻认识的教师和研究人员,编写了《全球变化生态学》。本书主要介绍了全球变化的概念和内涵、生态系统基本过程、全球变化的驱动因子、全球变化对植物生理过程、生态系统物质循环以及生态系统服务的影响、生态系统对全球变化的适应与反馈、全球变化生态学模型模拟等,涵盖了全球变化生态学的主要研究内容。本书可以为生态学、环境科学、林学、农学等相关专业的本科生和研究生提供专业课程教材。

本教材由冯兆忠、王俊、尚博、赵发珠等编著,全书由冯兆忠统稿、定稿。各章撰稿人分工如下:第一章为王俊;第二章为赵发珠;第三章为冯兆忠、李胜兰;第四章为李征珍;第五章为尚博、冯兆忠;第六章为尚博;第七章为方超;第八章为王俊;第九章为王科峰。

本书在编撰过程中得到了南京信息工程大学和西北大学的大力支持,兰州大学李凤民教授、南京农业大学郭辉教授和西北大学岳明教授提出了许多宝贵意见,本书也参考了多部相关的著作、论文和资料,在此一并表示衷心感谢。

需要指出的是,全球变化生态学领域广泛、发展迅速,尽管编者在教材内容和体系框架上都力求有所突破,但难免有不妥之处,并且内容有待教学实践的检验,恳请各位专家、学者和读者提出宝贵意见和建议,我们将对书中内容进一步调整和改进。

编著者
2023 年 5 月

目　　录

第一章 绪 论

第一节 全球变化的概念和内涵

一、什么是全球变化

工业革命以来,随着人类社会经济的快速发展,化石燃料的大量使用直接或间接地导致全球变暖、臭氧层破坏、酸雨、森林锐减和物种灭绝、土地退化和淡水短缺等一系列重大全球性环境问题。国际科学界自 20 世纪 70 年代起先后酝酿、设计、实施了一系列重大科学计划,来积极应对和解决这些全球性环境问题,对于地球本质形成了两个基本的认识:其一,地球本身是一个独立的系统,在该系统中生物圈是一个活跃的组成成分,即生命是一个参与者,而非旁观者;其二,当前人类活动以复杂的、相互作用的、快速的方式在全球尺度上影响着地球,人类有能力改变地球系统,但其方式却会影响人类赖以生存的生物和非生物环境,以及地表过程及地球系统的组分。

"全球变化(Global Change)"一词首先出现于 20 世纪 70 年代,为人文社会科学学者所使用。当时国家社会科学团体使用"全球变化"一词主要是表达人类社会、经济和政治系统愈来愈不稳定,特别是国际安全和生活质量逐渐降低这一特定意义。进入 80 年代后,自然科学家借用并拓展了"全球变化"概念,将原先的定义延伸到全球环境,将地球的大气圈、水圈、生物圈和岩石圈的变化纳入"全球变化"范畴,突出强调地球环境系统及其变化。因此,当今的"全球变化"一词被理解为"地球环境系统的变化",是指由于自然的和人为的因素而造成的全球性环境变化,主要包括全球气候变化(包括增温、降水变化、极端天气等)、大气成分变化(包括温室气体、臭氧、气溶胶浓度上升等)、土地利用和土地覆被的变化、生物多样性变化和人口增长等内容。

全球变化是研究地球系统整体行为的一门科学。它把地球的各个圈层(如大气圈、水圈、岩石圈和生物圈)作为一个整体,研究地球系统过去、现在和未来的变化规律及控制这些变化的原因和机制,从而建立全球变化预测的科学基础,并为地球系统的管理提供科学依据。全球变化研究的对象就是地球系统,即由大气圈、水圈(包括冰雪)、岩石圈、土壤圈和生物圈(包括人类圈)所组成的作为整体的行星地球。它是由一系列相互作用过程(包括各圈层之间的相互作用,物理、化学和生物三大基本过程的相互作用以及人与地球的相互作用)联系起来的非线性多重耦合系统。全球变化的研究目标是描述和理解人类赖以生存的地球系统运转机制、变化规律以及人类活动对地球环境的影响,从而提高未来环境变化的预测能力,为全球环境问题的宏观决策提供科学依据。从某种程度上讲,全球变化已经成为生态学、地理学、环境科学等诸多学科的重要组成部分。

二、全球变化的主要表现

1. 气候变化

气候变化是全球变化研究的核心内容之一。根据气候变化的时间尺度,气候变化分为长期气候变化、短期气候变化和当代气候变化。一般将因轨道强迫造成的、发生在 $10^4 \sim 10^6$ 年时间尺度上的气候变化称为长期气候变化。发生在 $10^2 \sim 10^4$ 年时间尺度上的气候变化称为短期气候变化,亦称冰后期气候变化,即指末次冰期结束以后大约1万年以来的气候变化。将发生在百年以内的气候变化称为当代气候变化。

当代气候变化是指最近一个多世纪以来,主要由于人类活动引起的温室气体效应造成的全球性气候变暖。根据联合国政府间气候变化专门委员会(Intergovernmental Panel on Climate Change,IPCC)第六次评估报告(AR6),地球表面温度在 21 世纪初 20 年(2001—2020 年)较 1850—1900 年平均提高了 0.99 ℃(变幅 0.84～1.10 ℃),最近的 10 年(2011—2020 年)提高了 1.09 ℃(变幅 0.95～1.20 ℃)。如图1.1 所示,由人类活动导致的全球表面温度从 1850—1900 年到 2010—2019 年平均升高了 1.07 ℃(0.8～1.3 ℃),包括由于人为温室气体排放导致的增温(1.0～2.0 ℃)和其他活动导致的降温(0.0～0.8 ℃);由自然驱动的地球表面温度变化在 −0.1～0.1 ℃,数据变异性为 −0.2～0.2 ℃。自 1979 年以来,温室气体浓度升高是地球增温的主要驱动因素。

全球平均陆地降水自 1950 年后呈增加趋势,20 世纪 80 年代以后增速变大。与温度变化不同的是,降水变化的地理差异十分明显。其总体趋势是中纬度地区降水量增大,北半球的亚热带地区降水量减少,而南半球的降水量增大。温室效应导致全球暖化也会提高海洋表面的蒸发量,从而提高大气中水汽的含量。

全球变暖导致的另一个重要现象是海平面上升。据 IPCC 第六次评估报告(IPCC,2021),1901—2018 年期间全球海平面上升了 0.20 m(变幅 0.15～0.25 m),海平面平均上升速率在 1901—1971 年期间平均为 1.3 mm · a^{-1}(变幅 0.6～2.1 mm · a^{-1}),1971—2006 年期间平均为 1.9 mm · a^{-1}(变幅 0.8～2.9 mm · a^{-1}),而在 2006—2018 年期间提高到了 3.7 mm · a^{-1}(变幅 3.2～4.2 mm · a^{-1})。

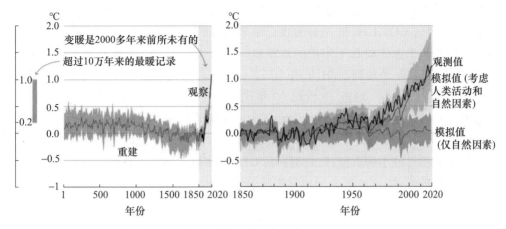

图 1.1　全球平均地表温度变化（IPCC，2021）

　　热浪、暴雨、干旱、台风等极端天气和气候事件出现的频率、强度和持续时间的增加构成了全球气候变化的另一个重要表现。全球范围内强降水事件有所增加。世界气象组织《天气、气候和降水极端事件造成的死亡人数和经济损失图集（1970—2019）》指出，全球有超过 1.1 万起极端天气引起的灾害发生，约 200 万人死亡，造成的经济损失高达 3.64 万亿美元。1998 年发生的长江特大洪水导致我国 29 个省（自治区、直辖市）遭受了不同程度的洪涝灾害。据各省统计，农田受灾面积 2229 万 hm^2，成灾面积 1378 万 hm^2，死亡 4150 人，倒塌房屋 685 万间，直接经济损失 2551 亿元。2004 年 12 月 26 日印度洋发生里氏 7.9 级强烈地震，引发了波及沿岸十三个国家和地区的巨大海啸，造成近 30 万人遇难，150 万人流离失所，财产损失达 107.3 亿美元。2005 年 8 月下旬，飓风"卡特里娜"席卷美国墨西哥湾沿岸地区，死亡人数超过 1800人，经济财产损失达 812 亿美元。根据《中国气象灾害年鉴（2018）》，2017 年我国南方局部地区 6 月降水超过 500 mm，使得长江中下游发生区域性大洪水，多条河流发生超历史大洪水，损失达 50 亿美元。2020 年 8 月中下旬，我国西南地区发生了 4 次大范围暴雨天气过程，引发滑坡、泥石流等灾害，造成 12.88 亿元的经济损失。

2. 大气成分变化

　　地球系统大气圈的演化和冰期-间冰期的交替等自然因素作用，导致地球大气成分发生变化。这种变化是一个长时间尺度的过程，自工业革命以后，人口的剧增、现代工业的迅速发展以及化石燃料使用、森林过度砍伐、草原开垦与过度放牧等人类活动引起了地球大气成分的快速变化。人类活动造成的大气成分变化主要表现在四个方面：一些成分含量增加（如 CO_2、对流层 O_3、N_2O、CH_4、SO_2、CO 等）、另一些成分含量减少（如平流层 O_3）、一些大气成分性质发生改变以及人工合成物质（如氯氟烃类）含量增加。

　　地球大气成分中温室气体，特别是 CO_2、CH_4、N_2O 和氯氟烃的含量增加，因其对全球气候变化的影响最为显著而受到人们的普遍关注。自 1750 年以来，由于人类活动，全球大气 CO_2、CH_4 和 N_2O 浓度已明显增加（图 1.2），且已远远超出了根据冰芯记录测定的工业化前几千年中的浓度值。全球大气中 CO_2 浓度已由工业化前时代的约 280 ppm[①] 增加到 2021 年的 415.7 ppm。全球大气中 CH_4 浓度值从工业化前时代的约 715 ppb[②] 增至 20 世纪 90 年代初的 1732 ppb，2021 年增至 1908 ppb。全球大气中 N_2O 浓度值已从工业化前 270 ppb 增至 2021 年的 335 ppb。全球大气 CO_2 浓度的增加主要是由于化石燃料的大量使用，同时土地利用变化为此做出了另一种显著但相对较小的贡献；已观测到的 CH_4 浓度的增加主要是由于农业活动和化石燃料使用所致；N_2O 浓度的增加主要源于农业生产活动（图 1.3）。

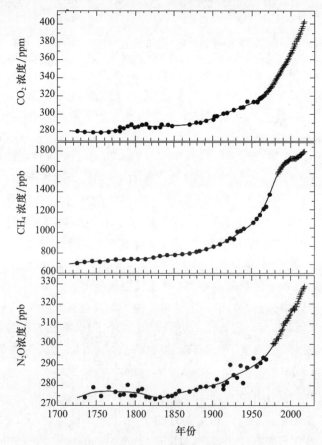

图 1.2　大气 CO_2、CH_4 和 N_2O 浓度变化（Nakazawa，2020）

----

① ppm：百万分率（10^{-6}），下同。

② ppb：十亿分率（10^{-9}），下同。

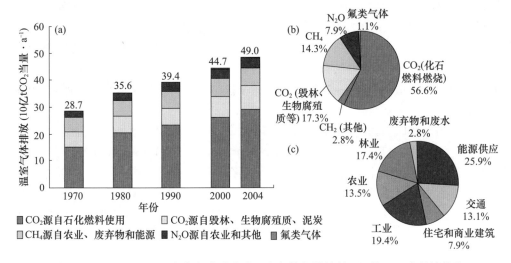

图 1.3　(a)1970—2004 年期间全球人为温室气体年排放量;(b)按 CO₂ 当量计算的
不同温室气体占 2004 年总排放的份额;(c)按 CO₂ 当量计算的不同行业排放量占 2004 年
总人为温室气体排放的份额(IPCC,2014)

3. 土地利用和土地覆盖变化

对陆地生态系统而言,人类活动导致的土地利用和土地覆盖的变化比任何其他的全球变化表现都要强烈和深远。土地覆盖(Land cover)表示土壤/植被系统的结构,如森林、耕地等,而土地利用(Land use)则表示人类利用土地覆盖类型的方式,如森林可以用来生产木材,也可用来进行保持水土。在过去的几十万年里,陆地表面一半以上土地覆盖类型发生了改变。20 世纪以来,这种改变尤为显著。全球耕地一半以上都是在这一期间被开垦出来的。

土地覆盖变化并不单单是自然植被变成耕地的过程。在热带,森林常常被开垦成可耕作的农地,但在温带地区的很多农地正在转变成自然植被。从 1700 年到 1980 年,南亚、中国和欧洲等地域由自然植被变成作物用地的比例比世界其他地区高。另一方面,土地利用变化的一个最显著的特征是农业对土地的集约管理,以满足人口增长带来的粮食需求。土地利用和土地覆盖变化对生态系统的结构和功能都产生深刻影响,这主要体现在土著种的减少和外来种的增加、土壤碳和养分的损失、植被生产力的变化、温室气体向大气的排放增加,以及对区域气候的直接影响等。

4. 生物多样性变化

生物多样性是人类社会赖以生存的基础。由于人类掠夺式地利用生物多样性资源,使全球生物多样性受到了极大的威胁。现在物种灭绝的速度是人类社会出现之前自然速度的 100～1000 倍,并且未来物种灭绝的速度将以目前 10 倍的速度增加。我国是世界上少数几个"巨大生物多样性国家"之一,不仅拥有全球物种总数的10%~14%,而且由于悠久的历史和众多的民族培养了丰富的栽培植物和家养动物地方品种。然而,巨大的人口压力、高速的经济发展对资源需求的日益增加和利用不当,导致我国生物多样性受到极为严重的威胁,其中61%的野生生境丧失,40%的生态系统已严重退化,15%~20%的物种处于濒危状态,遗传多样性大量丧失(中国国务院,1994)。

在相当一段时间内,生物多样性的研究并不属于全球变化的范畴,而是与全球变化、可持续的生物圈并列为当今国际生态学的三大研究热点。全球气候变化、土地覆盖和土地利用变化影响到全球性的生物多样性的减少和丧失,而生物多样性的变化又反过来通过影响生态系统的结构和功能,进而影响到全球气候变化以及土地利用和土地覆盖的变化。因而,许多全球变化项目中都将生物多样性变化作为重要内容之一。

三、全球变化主要研究内容

针对上述的全球变化问题,自20世纪70年代以来,国际科学界酝酿、讨论、设计、实施并在不断充实和完善全球变化的研究,先后开展了以研究气候系统中物理问题为主的世界气候研究计划(WCRP)、以研究地球系统中生物地球化学循环及过程为主的国际地圈-生物圈计划(IGBP)、以研究全球环境变化的人类因素为主的全球环境变化的人类因素计划(IHDP)以及生物多样性科学国际计划(DIVERSTAS)四大科学计划。这是生态学发展史上从未有过的新的、高层次的研究,是一个高度综合的多学科框架体系。从研究工作的环节分析,全球变化研究包括六个相互关联的方面,即观测研究、过程研究、预测研究、数据与信息管理研究、影响(后果)分析研究、对策研究与政策评估研究等。

1. 全球变化观测研究

综合的全球观测是全球变化研究计划的重要组成部分。综合性多尺度全球观测系统是全球变化研究的基础,这些观测系统将提供监测和检测全球变化的许多方面的途径,并将提供模式校准、验证和进一步发展所需的长时间范围的全球数据集。现有的观测系统有全球性的,包括全球气候观测系统(GCOS)、全球海洋观测系统(GOOS)和全球陆地观测系统(GTOS),也有区域性的,如世界气象组织(WMO)的大气污染监测网络(BAPMON)等;有国家级的,如美国长期生态研究网络(LTER)、中国生态系统研究网络(CERN)、中国陆地生态系统定位研究网络(CTERN)等。

2. 全球变化过程研究

全球变化研究是针对一些关键的全球变化问题或全球变化过程而提出来的,如气候变化与全球变暖、季节至年际气候的显著波动(如厄尔尼诺-拉尼娜事件)、平流

层 O_3 耗减与紫外辐射增强、对流层 O_3 污染、氮沉降、土地利用与土地覆盖变化、陆地与海洋生态系统变化(土地荒漠化、生物多样性减少等)、环境污染、酸雨危害等。这些过程可以归为以下几类过程：气候与水文循环过程、大气化学和生物地球化学过程、生态系统过程、固体地球与岩石圈过程、人类对地球的影响过程等。全球变化的过程研究，就是要揭示重要的全球变化过程的内在机理，改进我们对影响地球系统过程的物理、化学、地质、生态和社会过程在全球和区域尺度变化趋势的了解，从而为预测未来全球变化奠定基础。

3. 全球变化预测研究

全球变化预测研究是在对重要的全球变化过程深入了解的基础上，开展对地球系统过程的数值模拟研究，发展和建立具有预测能力的数值模式，从而对所研究的地球系统过程进行客观、定量和自动化的数值预测，以预测未来数十至数百年尺度上的全球变化，从而减缓或适应全球变化的影响。全球变化预测研究的相关模式主要有大气环流模式(AGCM)、大洋环流模式(OGCM)、海洋生态系统动力学模式、海-气耦合模式等。

4. 全球变化数据与信息管理研究

全球变化研究将产生并需要大量的极其多样性的数据和信息，以证实、了解、模拟和评估全球变化。全球变化的问题非常广泛，全球变化研究涉及众多的学科领域，因此，全球尺度各种数据集的获取、接收、处理、汇编存档和有效使用决定着全球变化研究的成败。全球变化的数据与信息管理研究面临的挑战，一方面是数据与信息的处理、存档和促进使用，另一方面是将来自不同学科、不同来源的数据综合起来，主要涉及数据管理与交换政策、数据的兼容性与标准、数据与信息系统的建设与维护以及国际数据信息活动的协调等方面的内容。

5. 全球变化影响(后果)分析研究

全球变化的影响(后果)分析研究，包括确定全球变化的环境和社会影响，了解地球环境和人类社会适应和减缓全球变化影响的潜力，从而改变各种不利的影响。全球变化的环境影响研究主要是研究全球变化(气候变化与全球变暖、季节至年际气候的显著波动、大气成分变化、土地利用与土地覆盖变化等)对生态系统多功能性与生物多样性(陆地生态系统、水生生态系统、海洋生态系统等)的影响；对全球农业、林业、渔业生产潜力等人类生存环境和人类生命支持系统的影响等，以及这些系统适应和减缓全球变化影响的潜力和机理。全球变化的社会影响研究主要是研究全球变化造成或可能造成的社会和经济后果，如全球变暖、紫外辐射增加等对人类健康和免疫能力的影响。全球变化对社会各经济部门的生产和发展等方面的影响，以及研究人类社会适应和减缓全球变化影响的潜力。

6. 全球变化应对策略研究

全球变化研究的最终目标是在弄清全球变化的形成原因、预测未来若干年全球变化的基础上，提出人类适应或减缓全球变化影响的对策，从而为人类的可持续发展服务。因此，全球变化应对策略研究是全球变化研究的根本出发点和落脚点。

1988 年世界气象组织（WMO）和联合国环境规划署（UNEP）联合成立了政府间气候变化专门委员会（IPCC），领导开展气候变化问题的科学评估。截至目前已先后出版了六次评估报告，建立了科学地认识全球变化的共同基础，从而为各国政府协商和履行《气候变化框架公约》《21 世纪议程》《关于损耗臭氧层物质的蒙特利尔公约》《生物多样性公约》《国际荒漠化公约》等国际上适应和应对全球变化的国际公约提供了政策依据。

第二节　全球变化生态学及其发展历程

一、全球变化生态学的概念

自 20 世纪中期以来，如何应对全球变化，保证地球成为一个适于人类生存与可持续发展的生命支持系统已经引起了科学家、各国政府与社会各界的密切关注，成为人类迫切需要解决的关乎生存的根本性问题。人类活动的迅速发展使得自然环境的变化扩展到越来越广阔的区域，甚至达到全球的规模，已大大超出了生态学所关注的局地生物有机体与其环境之间相互作用的研究范畴。面对全球变化及其相关的生态学问题，人类需要了解全球变化是如何影响地球上形形色色的生命系统，以及这些生命系统能否和能在多大程度上减缓和适应这种急剧的生态环境变化，但以往的以生态系统为核心的生态学研究无法完全解决这一问题。国际地圈生物圈计划（IGBP）、国际全球环境变化人文因素计划（IHDP）、世界气候研究计划（WCRP）、国际生物多样性计划（DIVERSTAS）等一系列重大国际科学计划的实施，将生态学从传统的基础研究推向了全球性研究的应用顶峰，也是对生态学理论研究水平和应用价值的挑战。在方法学角度，以生物有机体为主要研究对象、集中于小尺度研究的传统生态学已经不能应对这些大尺度多学科交叉的科学问题。在此背景下，全球变化生态学应运而生，它是综合了多学科的理论知识和研究方法解决大尺度环境问题。

全球变化生态学（Global Change Ecology），又称全球生态学（Global Ecology）或生物圈生态学（Biosphere Ecology），是在全球尺度上，研究全球变化的生态过程、生态关系、生态机制、生态后果及生态对策的科学，其研究范畴涉及全球或整个生物圈的生态学问题。全球变化生态学是一门宏观与微观相互交叉、多学科相互渗透的前沿研究领域,主要研究全球变化要素对生态格局、过程和功能的影响,以及生态系统对全球变化的响应与适应,目标是实现人类对生态系统服务的可持续利用(方精云,2000;周广胜 等,2003)。

二、全球变化生态学的主要研究内容

1. 全球变化过程

全球变化是指由于自然的和人为的因素而造成的全球性环境变化,具体表现在全球气候变化(包括增温、降水变化、极端天气等)、大气成分变化(包括温室气体、对流层臭氧和气溶胶浓度上升、氮沉降增加等)、土地利用和土地覆被变化、生物多样性变化等,掌握本身的变化规律是开展全球变化生态学研究的前提基础。

2. 全球变化生态效应

在上述全球变化过程的驱动下,生物个体生理生态过程(包括形态特征、光合作用、呼吸作用、蒸腾作用、水分利用、养分利用、同化作用、生长速率、干物质分配等)、土壤微生物(包括微生物群落结构和功能及其多样性、微生物呼吸等)、土壤物理化学性质(包括土壤团聚体结构、土壤水分、土壤温度、土壤酸碱度、土壤碳氮组分等)、土壤生态过程(主要包括土壤碳氮循环、温室气体排放、污染物在土壤中的迁移转化等)、生态系统生产力形成(包括净初级生产力、地上/地下生物量、作物产量等)、生态系统物质循环(包括碳循环、氮循环、水循环和养分在植物-土壤-微生物间的迁移转化过程等)、生物多样性(包括遗传多样性、物种多样性和生态系统多样性)以及生态系统服务功能(包括供给服务、调节服务、文化服务、支持服务等)均会发生相应改变。全球变化的生态效应及其作用机理是全球变化生态学研究的核心内容。

3. 全球变化生态适应与反馈

上述不同尺度的生态过程都不是孤立发生的。全球变化因子发生变化,会导致不同尺度的生态过程发生显著变化,生物体(包括植物、动物和微生物)会产生一系列的响应与适应,生物体和生态系统对全球变化因子的响应与适应也会反过来影响到全球变化因子发生改变,进而产生一系列的正反馈或负反馈的调节作用。

4. 全球变化生态模拟与预测

在野外调查和试验观测获得有关数据和资料的基础上,应用系统分析原理,研发相关生态系统数学模型(包括经验模型、过程模型和机理模型等),模拟生态系统生产力形成和物质循环过程,及其与全球变化驱动因子之间的响应、适应与反馈关系,是全球变化研究的一项主要内容。同时,从全球变化驱动因子出发,结合全球和区域气候模式,运用生态系统模型来模拟预测不同气候变化情景模式下生态系统过程的变化,也是当前全球变化生态学研究的主要内容之一。

三、全球变化生态学的研究手段

1. 生理生态学方法

植物生理生态学(Plant Physiological Ecology)是利用植物生理学的方法和手段研究植物间以及植物与环境间相互作用的科学,从生理机制上探讨物质代谢和能量流动等基本的生态学问题。现阶段,在全球变化生态学研究中常用的植物生理生态学技术包括同位素技术、根区观察窗技术、野外气体交换技术和通量观测技术等。

2. 人工控制与模拟实验

控制实验是全球变化生态学研究的重要手段。随着全球变化研究的深入,控制实验一方面向着大规模的野外模拟发展,尽量接近自然状态,尤其是“自由大气 CO_2 浓度富集(FACE)”技术的广泛应用,可在不同研究区域不同生态系统类型同步开展控制实验;另一方面控制实验朝着精确模拟方向发展,如各种人工气候室、生态气候室、生态控制室等。全球变化研究中常用的有 FACE 技术、生物多样性控制实验、连续 CO_2 梯度技术以及目前为止全球最大规模的生物圈模拟实验——生物圈Ⅱ号。

3. 长期定位试验与联网观测

由于生态系统的过程变化往往需要很长时间,长期定位研究一直是传统生态学的主要研究手段之一,而在全球变化因子的干扰下又叠加了空间尺度效应,因此,近年来基于多站点的长期定位试验和联网观测已成为全球变化生态学的主要研究手段。目前国际上著名的生态系统观测研究网络,包括国际陆地生态系统监测网络(TEMS)、全球陆地气候观测系统(GTOS)、全球气候观测系统(GCOS)和全球海洋观测系统(GOOS)、全球通量观测网(FLUXNET)、全球稳定同位素观测网络(BASIN)等。我国目前已建成的生态系统网络有中国生态系统研究网络(CERN)、中国陆地生态系统通量观测研究网络(ChinaFLUX)、中国森林生态系统研究网络(CFERN)等。

4. 样带调查

样带(Transect)是从小尺度的过程研究到区域性水平研究的耦合。全球变化的陆地生态系统样带研究方法是由 IGBP 的核心计划——全球变化与陆地生态系统计划(GCTE)首先提出的。陆地生态样带这种跨尺度的耦合是全球变化研究中最具挑战性的任务之一,而且样带被证明是促进与加强 IGBP 各核心计划间协作的一个有效手段。由于样带能使不同学科领域与不同单位及国家的研究者在同一地点进行工作,促进学术交流和共享研究。

样带研究是综合定位观测数据的有效手段。样带要求有一定的长度和宽度,必须包括一定的定位观测和野外实验地点,在宽度上必须满足遥感影像幅宽的要求,同时保证在全球尺度模型中包含若干个像元。IGBP 提出了 4 个样带研究的优先地区,包括:①正在经受土地利用变化的湿润热带系统,②从北方森林延伸到冻原的高纬度地区,③从干旱森林到灌丛的热带半干旱区,④从森林或灌丛向草地过渡的中纬度半干旱区。

5. 遥感与地理信息技术

与传统方法比较,遥感与地理信息技术具有两大优点:①覆盖面广,全球的每一角落都能覆盖,可以进行大尺度和任一区域的下垫面的调查;②时间分辨率高,每日可获得数据,可以进行时间系列分析,进行植被动态变化研究。遥感在植被科学和全球变化研究中的应用极大地促进了全球变化生态学的发展。例如,均一化植被指数(Normalized Difference Vegetation Index, NDVI)作为一种最常用的遥感数据,能反映植被密度和植被光合能力变化,已被广泛应用于生态学、地理学、水文学以及农林科学研究中。多种卫星遥感信息都可以产生 NDVI 数据,如 TM、NOAA/AVHRR、SPOT、MODIS 等。

6. 尺度转换

全球变化生态学以长时间尺度和大空间尺度的研究方法为主要基础,主要包括大尺度生态学实验和大尺度生态系统模型。大尺度生态学研究的一个巨大挑战是如何将在小范围(如实验室或试验地)内获得的结果推演到区域或全球尺度上。例如,在植物对大气 CO_2 浓度升高响应的研究中,可先将区域或全球的生物群区分成一定大小的网格(一般为 0.5~5 个经度和纬度),然后求每个网格的参数,再累加便得到区域上的结果。近年来大气-植被-土壤 CO_2 交换的通量观测技术发展极为迅速,集通量观测、模型模拟、遥感应用为一体的数据整合与尺度转换方法技术也得到了迅速发展。

四、全球变化生态学的发展历程

全球变化生态学是在人类活动的强度和广度已经发展到对全球环境和生态系统产生深刻影响的背景下形成的一个新兴生态学分支,它起源于对生物圈的研究。纵观全球变化生态学的形成和发展,可以分为以下几个阶段:

第一阶段　生物圈思想和盖娅假说

地球表面存在着生物有机体的圈层被称之为生物圈(Biosphere),包括大气圈的下层、整个水圈和岩石圈的上部(厚度约为 20 km)。绿色植物在生物圈中发挥着关键作用,其光合作用是地球上其他一切生命活动的基础。绿色植物通过光合作用释放 O_2 是维持地球上 O_2 和 CO_2 平衡的基础。动、植物呼吸,火山喷发,物质燃烧和甲烷燃烧都需要消耗大量的 O_2,这些 O_2 最后都由绿色植物的光合作用来补充。此外,植物通过其生命活动影响岩石的风化、地形的改变、土壤的形成、某些岩石(硅质岩、泥炭和煤等)的建造、地表水和地下水的化学组成、土壤肥力等。由于人类活动造成的 CO_2 浓度升高,以及土地利用造成的自然植被破坏,生物圈的功能正在发生变化。科学界早期对生物圈生态学的研究,特别是在生物地球化学循环等方面的研究,可以看作是全球变化生态学的萌芽。

"生物圈"一词是奥地利地质学家爱德华·苏威斯(Eduard. Suess,1831—1914)于1875年在其关于山脉发生的著作《论阿尔卑斯山的起源》中首次提及的,但他并没有给出确切的定义。1926年苏联科学家维尔纳茨基(1863—1945)在其撰写的《生物圈》一书中较详细地讨论了生物圈的范围和性质,建立了关于地球生物圈的完整学说,提出了生物圈的整体概念,开创了生物圈生物地球化学循环和人类活动对生物圈影响的研究。20世纪70年代以后,讨论生物圈的著作相继出版,其中影响较大的有《科学美国人》(*Scientific American*)杂志1970年9月特刊号《生物圈》(*The Biosphere*)。全球变化生态学或生物圈生态学的出现较"生物圈"概念的提出要晚得多。1971年6月底在芬兰举行的"第一届环境未来国际大会"上,Nicholas. Polunin教授首次提出了生物圈的生态学问题,其论文《生物圈的今天》(*The Biosphere Today*)被收集在会议文集《环境的未来》(*The Environmental Future*)中,这是讨论全球生态学问题的第一篇重要文献,标志着全球变化生态学的诞生。

生物圈概念将全球的生命看作一个整体,与大气圈、水圈、土壤圈和岩石圈发生作用,从结构方面阐明了全球的整体性。20世纪70年代,英国科学家James Ephraim Lovelock和美国微生物学家Lynn Margulis提出了"盖娅假说"(Gaia hypothesis),又称"大地女神假说",认为地球表面的温度、酸碱度、氧化还原电势和大气的气体构成是由地球上所有生物的总体来控制的。在这一假说中,生物被比作"大地女神"(Gaia)。这一假说承认生物是自然选择的结果,与达尔文的进化论是一致的,同时又强调生物对环境的主动影响,与传统的进化论又有区别。提出这一假说主要基于以下依据:在生命形成的初期,地表自然环境与现在大不一样,至少 O_2 和 CO_2 的浓度便是如此。现在地球上 O_2 和 CO_2 的浓度保持恒定是与绿色植物的光合作用分不开的,而这种 O_2 和 CO_2 浓度的大致恒定又是人类活动所必需的。如果森林大量毁坏、植物物种大量消失,地表自然环境将大大改变,从而不适于人类生存,所以就有了"保护生物就是保护人类自己"的思想。无疑,盖娅假说的提出大大促进了全球变化生态学的研究。

第二阶段 国际生物学计划和人与生物圈计划

国际生物学计划(IBP)始于1964年,由国际科学联合会发起。它的主题是"生产力和人类福利的生物学基础"。这一计划的起因是人们已经认识到"人类人口的迅速增长要求人们对环境有一个更好的了解,并以此作为自然资源合理管理的基础"。IBP计划包括七个部分,其中四个部分与陆地、淡水和海洋的生物生产力以及光合作用和氮固定过程有关,另外三部分与人类的适应性、生态系统的保护和生物资源的利用有关。该计划于 1974 年 6 月结束,之后由另一个巨大的国际合作研究计划——人与生物圈计划(MAB)接替。早期的 MAB 强调研究没有受到人类干扰的自然系统的特征和过程。1986 年在进行 MAB 第二阶段研究时,提出了应当把人类当作生态系统的一员,而不是以局外者来看待的思想,强调在继续开展原来领域研究的同时,加强人类不同程度影响下的生态系统的功能、资源的管理与恢复、投入和资源的利用以及人类对环境的压力等方面的研究。

IBP 和 MAB 计划的主要贡献在于对地球上主要的生态系统类型进行了细致的监测工作,从而为全面研究生物圈的生产力提供了基础。Cooper(1975)主编的专著探讨了不同环境条件下的光合作用和生产力。Lieth 等(1975)制作了第一张全球生态系统净初级生产力(NPP)的分布图。这一时期全球生态学的研究仍然侧重于生物圈本身,没有考虑各个圈层之间的相互作用,使用的手段也主要是个体和生态系统生态学的方法。

第三阶段 地球系统科学联盟

20 世纪 70 年代以来,全球变化研究成为国际科学界瞩目的前沿课题,其目的是探讨人类赖以生存的环境可能发生的改变。1979 年,世界气象组织(WMO)和国际科学联盟理事会(ICSU)联合实施了世界气候研究计划(WCRP),旨在扩展人类对气候机制的认识,探索气候的可预报性及人类对气候的影响程度,包括对全球大气、海洋、海冰与陆冰以及陆面的研究,人类作为生物圈的组成部分,其生存的主要威胁更在于生物圈可能发生的改变。自 1986 年以来,国际科学联盟理事会发起并组织实施了国际地圈-生物圈计划(IGBP),其科学目标主要集中在研究主导整个地球系统相互作用的物理、化学和生物学过程,特别着重研究那些时间尺度为几十年到几百年,对人类活动最为敏感的相互作用过程和重大变化。1991 年,联合国教科文组织、环境问题科学委员会和国际生物科学联合会共同建立了国际生物多样性计划(DIVERSITAS),包括生物编目与计划、生物发现、生态服务、保护与可持续利用四个方面的内容。1996 年 2 月,国际科学联盟理事会(ICSU)和国际社会科学联盟理事会(ISSC)联合发起组织实施了国际全球环境变化人文因素计划(IHDP),重点开展研究阐明人类-自然耦合系统,探索个体与社会群体如何驱动局地、区域和全球尺度上发生的环境变化,这些变化的影响有哪些,如何减缓和响应这些变化。

上述四个国际性研究计划通过可持续性联合计划建立了密切的合作关系,统称为"地球系统科学联盟(ESSP)",共同对地球系统进行集成研究。2001 年的阿姆斯特丹宣言中,ESSP 确定了四项联合计划,即全球碳计划(GCP)、全球水系统计划(JWP)、全球环境变化与食物系统计划(GECAFS)和全球环境变化与人类健康计划(GECHH),分别着重研究粮食、碳、水、人类安全四大关乎人类生计与生存的关键可持续性问题,主要目的是综合研究地球系统变化及其对全球可持续性的影响。所有这些都极大地促进了全球变化生态学的研究。

一系列全球变化生态学专著的陆续出版标志着全球变化生态学逐步走向成熟。1989 年由 Rambler、Margulis 和 Fester 编著的《全球生态学》(*Global Ecology*)从盖娅假说、综合生物圈、生物源气体的光化学、植被遥感、生物地球化学循环等角度,阐述了全球变化生态学所包含的主要内容。1992 年,作为《生物地理学杂志》(*Journal of Biogeography*)的姊妹刊物,《全球生态学与生物地理学》(*Global Ecology & Biogeography*)在英国创刊,标志着全球生态学领域有了自己的正式刊物。3 年后,也在英国,综合反映全球生态学研究成果的杂志《全球变化生物学》(*Global Change Biology*)问世。该杂志在出版后的短短 5 年中,影响因子急剧上升,一跃成为国际上十大生态学刊物之一,这从侧面说明全球变化生态学在现代生态科学中的地位。从 IGBP 执行后的第 10 年开始,全面反映全球变化研究成果的 IGBP 系列丛书 1～4 卷陆续出版发行,这套由英国剑桥大学出版社出版的系列丛书,系统总结了各国科学家在阐明控制地球系统及其演化中的物理、化学和生物过程,以及人类活动所起的作用。此外,在《科学》(*Science*)和《自然》(*Nature*)等国际顶尖刊物及其系列子刊上,每年都有很多关于全球变化生态学的论文。

第四阶段　IPCC 评估与未来地球计划

联合国政府间气候变化专门委员会(Intergovernmental Panel on Climate Change,IPCC)是世界气象组织(WMO)及联合国环境规划署(UNEP)于 1988 年联合建立的政府间机构。其主要任务是对气候变化科学知识的现状,气候变化对社会、经济的潜在影响以及如何适应和减缓气候变化的可能对策进行评估。

IPCC 下设三个工作组和一个专题组,其中第一工作组主要评估气候系统和气候变化的科学问题,第二工作组评估社会经济体系和自然系统对气候变化的脆弱性、气候变化正负两方面的后果和适应气候变化的选择方案,第三工作组评估限制温室气体排放并减缓气候变化的选择方案,另外,还设有一个国家温室气体清单专题组,主要负责 IPCC"国家温室气体清单"计划。

IPCC 定期出版评估报告,提供有关气候变化、其成因、可能产生的影响及有关对策的全面的科学、技术和社会经济信息。迄今,IPCC 已发布了六次评估报告。《第一次评估报告》于 1990 年发表,报告确认了有关气候变化问题的科学基础。它促使联合国大会做出制定《联合国气候变化框架公约(UNFCCC)》的决定。《第二次评估报告》于 1995 年发表,并提交给了 UNFCCC 第二次缔约方大会,并为公约的《京都议定书》会议谈判做出了贡献。《第三次评估报告》(2001 年)也包括三个工作组的有关"科学基础""影响、适应性和脆弱性"和"减缓"的报告,以及侧重于各种与政策有关的科学与技术问题的综合报告。《第四次评估报告》于 2007 年初发布,由于气候变化的明显表现,该报告在世界范围内引起极大反响。《第五次评估报告》于 2014 年发布,其综合报告指出人类对气候系统的影响是明确的,而且这种影响在不断增强,在世界各个大洲都已观测到种种影响。如果任其发展,气候变化将会增强对人类和生态系统造成严重、普遍和不可逆转影响的可能性。

2021 年 8 月至 2022 年 4 月期间,IPCC 先后发布了第六次评估报告(AR6),包括《气候变化 2021:自然科学基础》《气候变化 2022:影响、适应和脆弱性》和《气候变化 2022:减缓气候变化》。该报告较为全面地归纳和总结了第五次评估报告(AR5)发布以来国际科学界在气候变化自然科学集成、气候变化影响和风险、适应措施、气候韧性以及减缓气候变化领域取得的新进展。

"未来地球计划(Future Earth)"(2014—2023)是由国际科学联盟理事会和国际社会科学联盟理事会发起,联合国教科文组织、联合国环境规划署等组织共同牵头组建的为期十年的大型科学计划,目的是为应对全球环境变化对各区域、国家和社会带来的挑战,加强自然科学与社会科学的沟通与合作,为全球可持续发展提供必要的理论知识、研究手段和方法。未来地球计划促使全球变化研究加强自然科学与社会科学的沟通与合作,标志着全球变化生态学研究跨入了一个新的深度和广度,逐步走向服务于可持续发展的新阶段。

复习思考题

1. 什么是全球变化? 全球变化主要有哪些表现形式?
2. 什么是全球变化生态学?
3. 全球变化生态学主要有哪些内容?
4. 全球变化研究手段有哪些?

参考文献

方精云,2000. 全球生态学:气候变化与生态响应[M]. 北京:高等教育出版社.

中国国务院,1994. 中国 21 世纪议程——中国 21 世纪人口、环境 与发展白皮书[M]. 北京:中国环境科学出版社 .

周广胜,王玉辉,2003. 全球生态学[M]. 北京:气象出版社.

COOPER J P,1975. Photosynthesis and Productivity in Different Environments[M]. London:Cambridge University Press.

IPCC,2014. The Physical Science Basis—Summary for Policymakers. Contribution of WG1 to the Fourth Assessment Report of the Intergovernmental Panel on Climate Change[R]. Cambridge University Press,Cambridge,UK.

IPCC, 2021. Summary for Policymakers. In: Climate Change 2021: The Physical Science Basis. Contribution of Working Group I to the Sixth Assessment Report of the Intergovernmental Panel on Climate Change[R]. Cambridge University Press, Cambridge, United Kingdom and New York, NY, USA.

LIETH H, WHITTAKER R H, 1975. Primary productivity of the biosphere[M]. New York: Springer-Verlag Press: 1-10.

LOVELOCK J E, Margulis L, 1974. Atmospheric homeostasis by and for the biosphere: the gaia hypothesis[J]. Tellus, 26(1-2): 2-10.

NAKAZAWA T, 2020. Current understanding of the global cycling of carbon dioxide, methane, and nitrous oxide[J]. Proc. Jpn. Acad. , Ser. B, 96: 394-419.

RAMBLER M B, MARGULIS L, FESTER R, 1989. Global ecology: Towards a science of the biosphere[M]. London: Academic Press.

第二章　生态系统基本过程

　　生态系统是当代生态学中最重要的概念之一,最早由英国生态学家 Arthur George Tansley 于 1935 年提出,他指出:"生态系统不仅包括生物复合体,还包括人们称为环境的全部物理因素的复合体",主要强调一定区域中各种生物之间与它们所生存的环境之间的统一性。生态系统是由生物群落及其生存环境共同组成的动态平衡体系,是生物与环境之间进行能量转换和物质循环的基本功能单位。生态系统的结构包括两大部分:生态系统的组成成分和营养结构。其中,生态系统的组成成分是由非生物成分(无机物质、有机物质和气候因素)和生物成分(生产者、消费者、分解者)两大部分组成;而营养结构则是指食物链和食物网,由于它们与其环境之间不断地进行物质循环和能量流动过程而形成统一整体。生产者、消费者和分解者三者之间通过取食和被取食过程,形成食物链、营养层级结构和网络关系,驱动生态系统的物质循环和能量流动。全球变化与生态系统研究是 20 世纪 60 年代初开始逐步形成、发展起来的生态学分支领域,是一个宏观与微观相互交叉、多学科相互渗透的前沿科学领域,重点研究生态系统结构和功能对全球变化的响应及反馈作用,其目标是实现人类对生态系统服务的可持续利用。本章重点关注全球变化影响下的生态系统碳循环、氮循环、水循环等关键过程以及生态系统服务功能。

第一节　碳循环

一、光合作用

　　光合作用(Photosynthesis)是指许多植物、藻类和一些细菌等光合生物利用太阳能,将 CO_2 和 H_2O 以及其他无机物经过光合色素的吸收和转化,转变为有机物质并释放氧气的过程(图 2.1)。光合作用过程可表示为:

$$6CO_2 + 6H_2O \xrightarrow[\text{光能}]{\text{绿色植物}} (C_6H_{12}O_6) + 6O_2$$

碳水化合物是光合作用产生的主要有机物质,它是陆地生态系统有机质的最初来源。绿色植物叶片是进行光合作用的主要器官,植物叶绿体是光合作用的重要细胞器。叶绿体中有叶绿素、类胡萝卜素和藻胆素等细胞色素以及光合磷酸化酶系、CO固定和还原系等几十种酶参与了光合作用过程。

光合作用的过程十分复杂,它需要太阳光才能完成,但并不是整个反应过程都需要阳光。根据对光的需求,可以将光合作用分为光反应(必须有光才能进行)和暗反应(光下、暗处都可进行的酶催化化学反应)。光反应阶段是通过叶绿素等光合色素分子吸收光能,并将光能转化为化学能,形成腺苷三磷酸(ATP)和烟酰胺腺嘌呤二核苷酸(NADPH)的过程,包括光能吸收、电子传递、光合磷酸化三个主要步骤。暗反应阶段是利用光反应生成 NADPH 和 ATP 进行碳的同化作用,使气体 CO_2 还原为糖。

根据蓄积能量和形成有机物的先后顺序,整个光合作用大致可分为三大步骤:①原初反应:是光合作用的第一步,光合色素分子被光能激发而引起第一个光化学反应的过程,它包括光能的吸收、传递和转换;②电子传递和光合磷酸化,形成活跃化学能(ATP 和 NADPH);③碳同化,植物利用光反应中形成的同化力(ATP 和 NADPH),将二氧化碳转化为碳水化合物的过程。

高等植物的碳同化途径有三条,即 C_3 途径、C_4 途径和 CAM(景天酸代谢)途径。C_3 途径又称卡尔文循环,大致可分为羧化阶段、还原阶段和更新阶段和产物形成阶段,可以合成糖和淀粉等多种碳水化合物。C_4 途径是有人发现甘蔗和玉米等的 CO_2 固定最初的稳定产物是四碳二羧酸化合物(苹果酸和天冬氨酸),故称为四碳二羧酸途径,简称 C_4 途径,包括羧化、转变、脱羧与还原、再生四个步骤。景天酸代谢是景天科植物(景天、落地生根等叶子)具有特殊的 CO_2 固定方式。其中卡尔文循环是高等植物碳同化的最主要途径,只有这条途径具备合成淀粉等产物的能力;而其他两条途径不普遍,只能起固定、运转 CO_2 的作用,不能形成淀粉等产物,最后都是在植物体内再次把 CO_2 释放出来,参与卡尔文循环,完成碳同化过程。碳同化过程对维持生态系统的稳定性、人类的生存和社会发展都具有重要作用。

植物的光合作用受外部环境因素和植物内部因素的综合影响,外部影响因素主要包括光照(光强度和光质)、大气 CO_2 浓度、温度、矿质元素和水分等。如:在大棚蔬菜等植物栽种过程中,可采用白天适当提高温度、夜间适当降低温度(减少呼吸作用消耗有机物)的方法,来提高作物的产量。再如在一定范围内提高 CO_2 浓度,有利于增加光合作用的产物。植物内部因素包括不同的植物种类、不同部位和不同的生长发育阶段都会影响光合作用。在一定范围内,叶绿素含量越多,光合作用越强。以一片叶子为例,幼嫩的叶片光合速率低,随着叶子成长,光合速率不断加强,达到高峰,随后叶子衰老,光合速率就下降。单株作物不同生育期的光合速率一般以营养生长期为最强,到生长末期就下降。但从群体来看,群体的光合量不仅决定于单位叶面积的光合速率,而且很大程度上受总的叶面积及群体结构的影响。

二、呼吸作用

呼吸作用是指生物体将自身有机物分解成无机物归还到无机环境并释放能量的过程,其实质是生物体内的大分子,包括蛋白质、脂类和糖类被氧化并在氧化过程中放出能量(图2.1)。呼吸作用是生态系统最基本的过程之一,其中植物呼吸作用和土壤呼吸作用在全球变化研究中尤其受到关注。

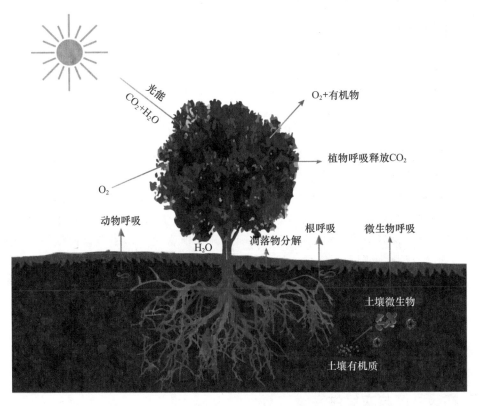

图 2.1　光合作用和呼吸作用示意图

(橙色箭头代表光合作用;蓝色箭头代表呼吸作用)

植物呼吸是植物组织中发生的氧化还原反应,并伴随着能量的产生和消耗。它提供了植物生长、繁殖和适应环境的能量基础,分为有氧呼吸和无氧呼吸两种形式。

有氧呼吸是在氧气供应充足的情况下,植物通过线粒体内的三羧酸循环和呼吸链等途径将有机物氧化分解成 CO_2、水和能量(ATP)等产物的过程。三羧酸循环是目前已知所有生命都普遍存在的基本代谢途径之一,它可以从多种不同的有机物中提取能量,将其转化为还原型烟酰胺腺嘌呤二核苷酸(NADH)和黄素腺嘌呤二核苷酸（FADH$_2$）这两种能量物质，这些物质可以进一步参与线粒体内呼吸链中的电子传递过程，最终产生大量的ATP。此过程中产生的CO$_2$和水会被植物体内的气孔和根系释放出来。

无氧呼吸是在无氧或缺氧条件下，植物分解有机物，产生一定量的能量和乳酸、酒精等代谢产物，这个过程也被称为发酵作用。植物在正常情况下主要进行有氧呼吸，但在弱光、暴雨等不利条件下，植物会进行无氧呼吸，以维持生命的正常运转。

有氧呼吸可以表示为：

$$C_6H_{12}O_6 + 6H_2O + 6O_2 \longrightarrow 6CO_2 + 12H_2O + \text{能量}$$

无氧呼吸可以表示为：

$$C_6H_{12}O_6 \longrightarrow 2C_2H_5OH + 2CO_2 + \text{能量}$$

或：

$$C_6H_{12}O_6 \longrightarrow 2CH_3CHOHCOOH + \text{能量}$$

土壤呼吸是指土壤中的植物根系、食碎屑动物、真菌和细菌等进行新陈代谢活动，消耗有机物，产生二氧化碳的过程。土壤呼吸的严格意义是未扰动土壤中产生二氧化碳的所有代谢作用，包括三个生物学过程，即土壤微生物呼吸、根系呼吸和土壤动物呼吸，以及一个非生物学过程（含碳矿物质的化学氧化作用）。土壤呼吸可分为自养型呼吸和异养型呼吸，前者指根呼吸和根际微生物呼吸，后者指土壤微生物和动物呼吸。自养型呼吸消耗的底物直接来源于植物光合作用产物向地下分配的部分，而异养型呼吸则利用土壤中的有机或无机碳。土壤呼吸强度常用于衡量土壤微生物总活性，也被用于评价土壤肥力。土壤呼吸是一个复杂的生物和物理过程，它受许多控制因素的影响，包括生物因素、非生物因素和其他人为因素，其中生物因素包括植被类型、根系生物量、土壤微生物等，非生物因素有温度、湿度和土壤理化特性等，其他人为因素有施肥、森林采伐和耕作方式等。土壤呼吸的测定方法有微气象法、静态气室法和动态气室法。

三、初级生产与次级生产

初级生产和次级生产是生态系统最核心的过程，直接决定了生态系统功能，可用生产力（单位时间单位面积所固定的能量）来表征。初级生产是指生产者（包括绿色植物和数量较少的自养生物）生产有机质或积累能量的过程。初级生产力又可分为总初级生产力（Gross Primary Production，GPP）和净初级生产力（Net Primary Production，NPP）。总初级生产力（GPP）是指单位时间内绿色植物通过光合作用途径所固定的有机碳量，它决定了进入陆地生态系统的初始物质和能量。净初级生产力（NPP）表示植被所固定的有机碳中扣除本身呼吸消耗的部分，用于植被自身的生长和繁殖，它可供生态系统中其他生物（主要是各种动物和人）利用的能量。初级生产和次级生产的关系可用下式来表示：

$$NPP = GPP - R$$

式中：NPP——净初级生产力，$J \cdot (m^2 \cdot a)^{-1}$；

　　　GPP——总初级生产力，$J \cdot (m^2 \cdot a)^{-1}$；

　　　R——植物自养呼吸排放的碳，$J \cdot (m^2 \cdot a)^{-1}$。

在任何一个生态系统中，净初级生产力都是随着生态系统的发育而变化的。例如，一个栽培松林在生长到 20 年的时候，净初级生产力达到最大，此后随着树龄的增长，用于呼吸的总初级生产量会越来越多，而用于生长的总初级生产量会越来越少，即净初级生产力越来越少。净初级生产力受到光、CO_2、水、营养物质和温度等因素的影响，在不同的生态系统中各因素的影响作用所占比重不同，如在陆地生态系统中，水是最重要的限制因子，而光是水域生态系统中最重要的限制因子。

次级生产是指生态系统消费者和分解者利用初级生产产物构建自身能量和物质的过程。次级生产力可以用湿重、干重、无灰分干重、碳含量、氮含量或能量来表示。从理论上来讲，净初级生产力可以全部被消费者所利用，转化为次级生产力。但实际上，任何一个生态系统的净初级生产力都会有所流失，不会被消费者全部利用。例如，动物摄入食物后，呼吸代谢和维持生命会消耗一部分能量，最终会以热的形式消散掉，余下的部分用于动物的生长和繁殖。通常可以用同化量与呼吸量的差值来计算次级生产力的大小。温度、食物、个体大小等因素对消费者和分解者的次级生产力有一定的影响，除此之外，次级生产力还受到生态效率的影响。

四、生态系统碳交换

碳是地球上储量最为丰富的元素之一，也是组成有机生命的关键元素。碳主要储存在海洋、大气、陆地生态系统和岩石圈中，以化合物形式存在的碳有煤、石油、天然气、石灰石、白云石和 CO_2 等。

碳库指在碳循环过程中，地球各个系统贮存碳的部分。地球上主要有岩石圈碳库、陆地生态系统碳库、海洋碳库和大气碳库四大碳库。相比于大气碳库、海洋碳库和陆地生态系统碳库，岩石圈碳库含量约为 6.55×10^{11} Gt C，是最大的碳库，其中 73% 的碳以碳酸盐的形式存在，其余则主要以煤、石油和天然气等有机碳的形式存在。陆地生态碳库是由植被和土壤两个碳库组成，碳储量约为 1750 Gt C，其中植被碳库储量约为 550 Gt C，土壤碳库储量约为 1200 Gt C。海洋可溶性无机碳含量约为 37400 Gt C，约是大气碳库的 50 倍、陆地生态系统碳库的 20 多倍。海洋碳库储存了地球上约 93% 的 CO_2，每年可清除人为产生 CO_2 的 30%，在调节地球气候方面发挥了相当重要的作用。大气碳库是地球上最小的碳库，碳库储量约为 750 Gt C。碳在大气中的主要存在形式为 CO_2、CH_4 和 CO，它是连接各碳库的纽带和桥梁，其他碳库间的相互作用主要是通过大气碳库进行。

通量(Flux)是一种物理学的用语,是指单位时间内通过一定面积输送的动量、热量和物质等物理量的数量。碳通量是生态系统通过某一生态断面的碳元素的总量。例如:某条河流的碳通量,就是流过河流断面的有机碳和无机碳的总量;某个森林生态系统碳通量,就是该生态系统单位时间单位面积上的碳循环总量。陆地与大气系统间的净生态系统碳交换量(Net Ecosystem Exchange,NEE),指生态系统呼吸作用与光合碳同化作用之间的差值,表示陆地生态系统吸收大气碳能力的高低,可用下列方程描述:

$$NEE = -P_g + R_{leaf} + R_{wood} + R_{root} + R_{microbe}$$

式中,P_g——光合作用碳固定的碳通量;

R_{leaf}、R_{wood}、R_{root}——植被的叶片、茎(木材)和根系的呼吸通量;

$R_{microbe}$——土壤微生物的呼吸通量(含土壤有机质和凋落物分解)。

大气中碳含量的变化直接影响全球气候,因而近年来备受人们关注。可以用大气碳库中碳含量变化,将其他碳库或某一生态系统分别定义为碳源或碳汇。其中碳源是碳储库中向大气释放碳的过程、活动或机制,如毁林、煤炭燃烧发电等过程。而碳汇刚好与碳源相反,是指通过种种措施吸收大气中的二氧化碳,从而减少温室气体在大气中浓度的过程、活动或机制,主要的碳汇包括森林碳汇、草地碳汇、耕地碳汇、土壤碳汇及海洋碳汇等。

五、全球碳循环

碳循环是指碳元素在地球的生物圈、岩石圈、土壤圈、水圈及大气圈中交换,并随地球运动循环往复的过程。碳在生物圈以有机碳的形式存在,在水圈和岩石圈的存在形式分别是有机碳、颗粒有机碳、可溶性有机碳及溶解无机碳和有机碳(包括化石燃料)、碳酸盐。在土壤圈和大气圈主要以有机碳(活生物、死生物物质)和 CO_2、CH_4 及 CO 的形式存在。全球碳循环就是大气中的二氧化碳被陆地和海洋中的植物经光合作用吸收利用,转化为植物体的含碳化合物,又通过生物或地质过程以及人类活动,最终以 CO_2 的形式返回大气中的过程(图2.2)。全球碳循环过程包括生物圈和大气圈之间的碳循环、大气和海洋之间的碳循环、碳酸盐的形成和分解。

(1)生物圈和大气圈之间的碳循环

在生物圈中,森林是碳的主要吸收者和贮存者,它固定的碳相当于其他生态系统类型的两倍。CO_2 虽是使气候变暖加剧的"罪魁祸首",但对于植物来说,它又是不可或缺的"美食"。植物通过光合作用从空气中捕获 CO_2,合成维系生长所必需的营养物质,并释放氧气回报给地球。那些被植物固定的碳,就变成了枝干、叶子、根系的一部分,但是土壤、凋落物和根系等的碳储量有很大差异(图2.3)。微生物被认为是有机碳分解和形成的主要因子。陆地生态系统具有储存碳的潜力,其过程主要依靠居住在土壤中的微生物,土壤中的微生物可以在植物凋落物和其他土壤有机物质分解过程中快速生长,通过分解利用植物中的有机化合物,将植物中的碳获取并进入土壤,在土壤中通过一系列转化生成稳定碳。

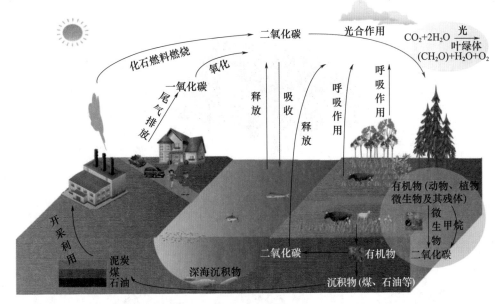

图 2.2　全球碳循环示意图(美国航空航天局地球观测站,2011 年)

大气圈中含碳物质主要以 CO_2、CO 和 CH_4 的形式存在。其中 CH_4 循环主要包括:乙酸型、氢型、甲基型、氧化甲基型和烷基型等过程。一些沉积在土壤中的有机物,被一些兼性厌氧生物分解为酸性小分子,在严格厌氧条件下被甲烷细菌转化为 CH_4。部分 CH_4 会被甲烷氧化菌直接氧化,另一部分通过气体交换进入大气,并通过光化作用分解生成水和 CO_2,其余部分则进入土壤被甲烷氧化菌合成有机物。除此之外,土壤中部分沉积物则经过悠长的年代,在热能和压力作用下又转变成矿物燃料——煤、石油和天然气等,其中煤炭化过程中,会释放 CO_2 和 CH_4 等气体,含氧量慢慢减少,含碳量逐渐增多。当它们在作为燃料燃烧时,其中的碳氧化成为 CO_2 也排入大气。一部分(约千分之一)动、植物残体在被分解之前即被沉积物所掩埋而成为有机沉积物。

(2)大气和海洋之间的碳交换

海洋中碳元素主要以颗粒有机碳、溶解有机碳、溶解无机碳三种主要形态存在。海洋大约每年可以清除人为产生 CO_2 的 30%,在碳循环的过程中扮演着不可替代的角色。CO_2 可由大气进入海水,也可由海水进入大气。大气中的 CO_2 进入海洋之后,会受到物理、化学和生物等各个方面的影响,交换作用发生在气和水的界面处,在有风和波浪的作用时会加强。这两个方向流动的 CO_2 量大致相等,大气中 CO_2 量增多或减少,海洋吸收的 CO_2 量也随之增多或减少。当大气中 CO_2 浓度大幅度增加时,会引起温室气体辐射强迫增加,导致海水表面温度升高,降低海水中 CO_2 的溶解度,增加海洋中 CO_2 向大气的释放。

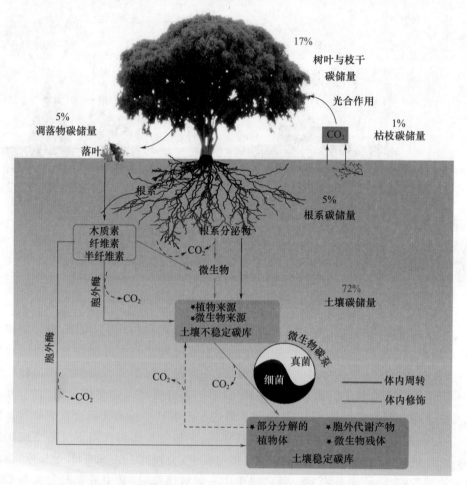

图 2.3 陆地生态系统中参与碳循环的微生物代谢过程示意图(Liang,2020)

(3)碳酸盐的形成和分解

大气中的 CO_2 溶解在雨水和地下水中成为碳酸,碳酸能把石灰岩变为可溶态的重碳酸盐,并被河流输送到海洋中,海水中接纳的碳酸盐和重碳酸盐含量是饱和的。新输入多少碳酸盐,便有等量的碳酸盐沉积下来。通过不同的成岩过程,形成了石灰岩、白云石和碳质页岩。在化学、物理和生物风化的作用下,这些岩石被破坏,所

含的碳又以 CO_2 的形式释放入大气中。岩石风化是比较复杂的地表过程,多种自然和人为因素对它都有一定的影响。火山爆发也可使一部分有机碳和碳酸盐中的碳加入全球碳循环过程。碳质岩石的破坏在短时期内对碳循环的影响虽不大,但对几百万年中碳量的平衡却十分重要。

第二节　氮循环

氮是生物体内蛋白质分子和核酸的重要组成部分,是所有生命形式不可替代的生命必须元素。大气中的氮气是最大的可自由获取的氮库,占地球大气层的78.1%。然而,大部分氮气以非反应性气体的形式存在,仅有少量的固氮细菌或真菌可以直接将其利用,其他生命体则需要依靠活性更强的氧化态氮和还原态氮(统称为活性氮,Nr),如铵盐和硝酸盐这种性质活泼的含氮物质来提供生长。其他形态的氮需要被微生物转化为活性氮后才能为植物吸收,如尿素[$CO(NH_2)_2$]进入到土壤中后,需要被尿素酶分解为铵态氮后才能被植物吸收利用。

大气中 N_2 可在天然过程或人为活动中发生反应生成活性氮,但其中很大一部分还要在陆地和海洋生态系统中经微生物和植物的生物化学作用进一步转化,产生一系列的有机和无机化合物,这一系列氮的转化过程称为氮循环。氮循环是生态系统元素循环的核心之一。氮循环是通过固氮作用将大气中的天然 N_2 转化为活化氮,进入到陆地和海洋生态系统,在土壤、海水或人为活动等作用下,最终以分子氮的形式返回到大气中。主要包括以下几个过程:固氮作用、同化作用、氨化作用、硝化作用和反硝化作用(图 2.4)。

一、生物固氮

N_2 是一种惰性气体,植物不能够直接利用,必须通过固氮作用将游离态氮与氧结合成硝酸盐或亚硝酸盐,或与氢结合成氨才能为大部分植物所利用,参与蛋白质的合成。目前活性氮的来源主要是通过固氮作用,将大气中的 N_2 固定。N_2 的固定包括以下几个方面:陆地或水生系统中的生物固氮、高能固氮和人工合成固氮。氮的固定是 N_2 进入生物圈循环的第一步,但不管哪种固氮作用,最后都需要通过微生物作用将氮素转化,并为生物吸收。

生物固氮是指固氮微生物将大气中的 N_2 还原成氨的过程。自然状态下,N_2 中的氮分子是以两个三键相连的氮原子组成,使该分子几乎处于惰性状态。动植物都不能直接利用。然而,很多原核生物能通过固氮酶固定氮,将 N_2 转化为植物可利用的氨,因此将微生物的这种能力称之为生物固氮(Biological Nitrogen Fixation, BNF)。

生物固氮形式虽然有许多种,然而它们的固氮机制是共同的,总反应式可表述为:

$$N_2 + 16MgATP + 8e^- + 8H^+ \rightarrow 2NH_3 + 16MgADP + 16Pi + H_2$$

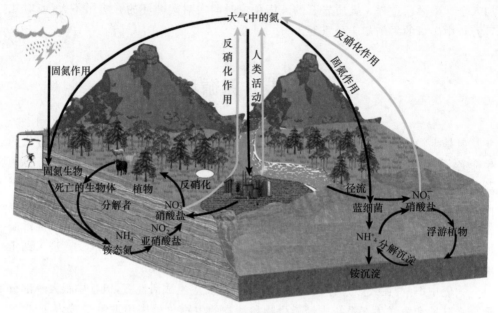

图 2.4　全球氮循环示意图

根据固氮微生物的特点以及与植物的关系,可以将它们分为自生固氮微生物、共生固氮微生物和联合固氮微生物三类(表 2.1),各种固氮微生物中固氮作用的生化机制基本相似,都需要固氮酶的参与。

表 2.1　固氮微生物

	生物固氮体系	固氮微生物类型	能源来源
	光合自养型	绿硫细菌,固氮蓝藻	光合作用
	化能自养型	氧化亚铁勾端螺旋菌	氧化作用
自生固氮微生物	异养型	需氧型固氮菌	植物残体
		兼性厌氧菌克雷伯氏菌	
		厌氧型梭菌,产甲烷菌	
共生固氮微生物	根瘤菌—豆科植物		寄主植物体内蔗糖及其代谢物
	根瘤菌—糙叶山黄麻		
	弗兰克氏放线菌—非豆科植物		
联合固氮微生物	固氮螺菌		根系分泌物
	雀稗固氮菌		

① 自生固氮

自生固氮微生物是指自然界的一类能够独立固定空气中的分子态氮的微生物，对植物没有依存关系。自生固氮微生物按其营养生活方式，可分为自养与异养两大类。常见的有固氮菌(*Azotobacter*)和一些蓝藻(*Cyanobacter*)等，在水环境中固氮微生物以蓝藻为主。

② 共生固氮

共生固氮微生物能够与豆科植物共生固定 N_2，为寄主植物提供氮素营养，同时寄主植物通过光合作用为固氮微生物提供能量。共生固氮微生物主要有根瘤菌(*Rhizobium*)、弗氏放线菌(*Frankia*)等。共生固氮体系是自然界中最重要的生物固氮体系，其固氮效率很高，占到了生物固氮总量的 60% 以上，因此，一直是生物固氮研究的重点。陆地上存在许多种共生固氮体系，其中，豆科植物-根瘤菌是最普遍、最重要的生物固氮模式。世界上大约有 20000 种豆科植物，其中大部分都能与根瘤菌共生而发挥巨大的生物固氮作用。公元前 1 世纪，我国古农书《氾胜之书》就记载了"瓜与小豆间作为宜"。1883 年荷兰科学家 Beijerink 通过培养，分离出了根瘤菌，证实了根瘤中的根瘤菌是豆科植物能够固氮的原因。在土壤中的一种细菌入侵到豆科植物根部后，会形成一个形状像肿瘤的"小作坊"，称之为根瘤，生长在根瘤中的细菌称为根瘤菌。根瘤菌将空气中的 N_2 转换成氨，提供给寄主豆科植物以氮素营养，同时豆科植物将通过光合作用产生的部分碳水化合物提供给根瘤菌，作为其工作能量。因此，豆科植物与根瘤菌建立了相互支持、相互依靠的关系，科学家们将这种类型的固氮命名为共生固氮。

③ 联合固氮

联合固氮是指具有固氮能力的微生物分布在植物的根际、根表，利用植物的根系分泌物作为能量，而植物则利用其固定的氮素和其他生理活性物质。虽然植物与分布在其根际的微生物具有某种形式的合作，但不形成共生结构，只是在互利的基础上进行联合固氮。大多数联合固氮微生物的独立固氮能力较弱，但在特定植物根际生活时，固氮活性能够明显增强。

生物固氮是生态系统中氮素的主要来源，地球上 70% 的活性氮总量来源于生物固氮，每年全球微生物固定的氮量可达 2 亿 t，约占全球作物需氮量的 3/4，相当于工业生产氮肥的 3 倍。高效的生物固氮作用能够提高农作物产量，降低化肥使用量，减少水土污染。

二、氮的同化

氮的同化作用，即生物体把土壤中的铵盐、硝酸盐同化成体内有机氮的过程。该过程中，植物主要吸收土壤中的铵态氮和硝态氮等无机态氮，并同化为植物体内蛋白质等有机物。但植物体内不能直接利用 NO_3^-，还需经还原酶还原为 NH_4^+ 才能进一步被同化，还原过程可分为两步：第一步在硝酸盐还原酶的催化下将 NO_3^- 还原为 NO_2^-，该过程反应式为：

$$NO_3^- + NADPH + H^+ \rightarrow NO_2^- + NADP + H_2O$$

第二步在亚硝酸还原酶的催化下将 NO_2^- 还原为氨，该过程反应式为：

$$NO_2^- + 8e^- + 6H^+ \rightarrow NH_4^+ + 2H_2O$$

动物不能够直接吸收利用无机态氮，而是通过直接或间接以植物为食物，将植物体内的蛋白质和其他有机氮分解为氨基酸，其吸收分解的有机氮一部分同化成动物体内的蛋白质，成为动物躯体的组成部分，另一部分经生理代谢形成尿素、尿酸等含氮代谢废物排出。

三、氨化过程

氨化过程是指土壤中原有的、进入到土壤的有机肥、动植物残体中的大分子有机氮（如蛋白质、核酸、氨基多糖）在酶的催化下，被氨化细菌和真菌等微生物降解为简单有机氮（如氨基酸、嘌呤、嘧啶、氨基糖），再进一步降解为铵或氨，使原本难以被植物根系吸收利用的有机氮转化为可被植物吸收的无机态氮的过程。

参与氨化过程的有机大分子氮主要为蛋白质，可用蛋白质的降解过程表征氨化作用的过程。蛋白质在微生物的作用下变性、解聚成为多肽，再在多种肽酶的作用下断裂肽键形成二肽、氨基酸，氨基酸可供微生物直接吸收和同化，多余的氮素在氨基酸脱氢酶的作用下脱去氨基，最后以铵态氮的形式排出体外。主要过程见下列反应式：

$$蛋白质 \xrightarrow{蛋白酶} 多肽 \xrightarrow{肽酶} 氨基酸 \xrightarrow[氨基酸脱氢酶]{氧化} NH_4^+$$

有研究指出，可以用土壤中有机碳和全氮的比例来表征氮素氨化作用潜力，比值越低，潜力越大，但土壤中大部分的有机碳和全氮的组分较为稳定，不易被分解，只有其中易被微生物利用的部分才会影响氨化过程。目前许多研究表明，土壤中微生物易利用有机碳、氮的比例控制着氮转化的方向和速率。土壤氨化作用的潜力除与碳、氮比例有关外，还受土壤环境条件的影响，包括土壤温度、水分、pH、质地、土壤微生物性质等，这些影响因素相互制约、相互影响，共同影响着氨化过程。

四、厌氧氨氧化过程

厌氧氨氧化过程在自然界中发挥着重要的生态功能。它通过转化和去除氮源，参与了全球氮循环过程，并在一些富含氮的废水处理系统中被利用。厌氧氨氧化过程是在 20 世纪 90 年代在荷兰的一家废水处理厂中发现。该过程由浮霉菌门内的一组深分支单系细菌,厌氧氨氧化细菌介导。在厌氧条件下由在厌氧条件下以NH_4^+为电子供体,NO_2^-为电子受体,最终产生氮气,同时生成部分硝酸盐氮的过程。二氧化碳是厌氧氨氧化菌生长的主要碳源和能源,厌氧氨氧化反应过程的化学计量学可由下式表示:

$$NH_4^+ + 1.32 NO_2^- + 0.066 HCO_3^- + 0.13H^+ \rightarrow$$
$$1.02N_2 + 0.26NO_3^- + 0.066CH_2O_{0.5}N_{0.15} + 2.03H_2O$$

厌氧氨氧化细菌已在各种自然栖息地中检测到,例如缺氧海洋沉积物、淡水沉积物、陆地生态系统和一些特殊的生态系统(如石油储层)。所有现有证据表明,厌氧氨氧化过程在海洋氮循环中至关重要,并且厌氧氨氧化过程对海洋中N_2总产量的相对贡献估计为50%。除了海洋环境外,在天然淡水和陆地环境中也检测到了厌氧氨氧化活动,这表明厌氧氨氧化过程在全球氮循环中发挥的作用可能比之前认为的更为重要。厌氧氨氧化细菌的生态分布及其对自然生态系统氮损失的贡献受到当地环境条件的影响,如有机物含量、NO_x浓度、环境稳定性、盐度和温度。

五、硝化和反硝化过程

土壤硝化和反硝化过程是生态系统中氮循环的两个重要环节,是氮素损失的潜在途径。

硝化作用是指微生物将铵氧化为硝酸盐或亚硝酸盐的一系列过程,或微生物引起的氧化态氮的增加。土壤中的一部分硝酸盐变为腐殖质的成分,或被雨水冲刷,通过径流进入河流湖泊,最终流入海洋供水生生物所用,同时海洋中还有大量的氨沉积于深海而暂时离开氮循环。硝化作用作为固氮作用和反硝化作用的中间环节,是维持全球氮素平衡的关键部分。

硝化作用主要涉及两个氮素转化阶段($NH_3/NH_4^+ \rightarrow NO_2^- \rightarrow NO_3^-$)。第一阶段是铵态氮在亚硝化菌等微生物及环境作用下,被氧化为亚硝态氮,该过程反应式为:

$$2NH_4^+ + 3O_2 \rightarrow 2NO_2^- + 4H^+ + 2H_2O$$

第二阶段是硝化菌将亚硝态氮进一步氧化为硝态氮。该过程反应式为:

$$NO_2^- + H_2O \rightarrow NO_3^- + 2[H]$$

硝化作用除了受微生物的作用影响外,还受多种环境综合因素影响,包括但不局限于以下几种:

(1)土壤水分和质地

硝化微生物是好气性微生物,其活性受土壤含水量影响较大。一般土壤水分含量为最大持水量的50%~60%时,硝化作用最为旺盛。土壤质地也会通过影响土壤的通气性和透水性来影响硝化作用,如壤质土壤的通气性和透水性较好,而自养型硝化菌在通气性和透水性良好的土壤中更为活跃,因此,壤质土壤中的硝化活性较高。砂土的通气和渗水性也较好,但砂质土壤不易保持铵,导致硝化作用所需基质缺乏,因此,砂质土壤的硝化速率普遍低于壤质和黏质土壤。

（2）土壤温度

土壤温度对硝化速率也有较大影响。14～26 ℃ 是硝化作用的最适温度范围。在不同的土壤环境中,硝化速率的响应温度不同,但在适当范围内的土壤增温都能够显著提高硝化作用速率。

（3）土壤 pH

硝化作用对土壤 pH 高度敏感。土壤 pH 变化对硝化作用及硝化微生物的丰度和群落结构都有一定影响。目前国内外研究均表明,土壤 pH 是判断土壤硝化能力的一个关键指标。根据刘天琳（2020）的研究,在 pH 为 3.8～7.8 的范围内,土壤硝化作用随着 pH 的提高不断增强,其中酸性森林土壤的硝化势为 $0.11\ \mu g \cdot g^{-1} \cdot h^{-1}$,中性森林土壤的硝化势为 $0.29\ \mu g \cdot g^{-1} \cdot h^{-1}$,碱性森林土壤的硝化势为 0.35 $\mu g \cdot g^{-1} \cdot h^{-1}$,碱性森林土壤硝化势约是酸性森林土硝化势的 3 倍（刘天琳,2020）。Keeney 等（1979）研究表明,在 pH 为 4.6～5.1 的土壤中,硝化作用不明显,在 pH 为 5.8～6.0 的土壤中硝化作用进行缓慢,在 pH 为 6.4～8.3 的土壤中,硝化作用强烈进行。上述研究结果都表明,硝化活性随土壤 pH 的升高而增强。

在土壤氮素循环过程中,反硝化过程作为土壤氮素循环过程中的最后一个环节,将土壤中各种形态的氮素主要以 N_2O 或 N_2 形态归还到大气氮库。土壤中的反硝化作用包括化学反硝化和生物反硝化。

化学反硝化是指 NH_4^+ 与 NO_3^- 发生反应,生成 N_2 引起氮素损失的过程,农田土壤中化学反硝化引起的氮素损失不大。生物反硝化是指在缺氧条件下,微生物将 NO_3^- 还原为 N_2O 或 N_2 的一系列作用过程。生物反硝化作用不仅会在土壤中进行,也会在淡水体系与海洋水体中进行。生物反硝化过程主要包含以下 4 个氮素转化阶段:

ⓐ 在硝酸盐还原酶的作用下,硝酸盐被还原为亚硝酸盐;

ⓑ 在亚硝酸盐还原酶的作用下,亚硝酸盐被还原为 NO;

ⓒ 在 NO 还原酶的作用下,NO 被还原为 N_2O;

ⓓ 在 N_2O 还原酶作用下,N_2O 被还原为 N_2;

总体反应过程为:$NO_3^- \rightarrow NO_2^- \rightarrow NO \rightarrow N_2O \rightarrow N_2$;

土壤中的反硝化作用受到多种因素影响,主要有土壤水分和通气状况、土壤温度、土壤有机质等。

① 土壤水分和通气状况

与硝化作用相反,反硝化作用普遍存在和发生在兼气或低氧的土壤系统中,并受土壤水分和通气状况的制约。反硝化过程中还原酶的活性受氧抑制,土壤中的通气状况和氧分压受土壤水分含量影响,从而影响到反硝化作用。

② 土壤温度

温度是影响反硝化的重要因素,反硝化作用可以在较宽的温度范围(5～70 ℃)内进行,但过高或过低的温度都不利于硝化作用的进行,在温度较低或 60～70 ℃ 时反硝化作用受到抑制,反硝化速率很低。

③ 土壤有机质

反硝化微生物需要从分解有机物质的过程中获取能量,因此,土壤中有机物质的多少是影响反硝化速率的重要因素。土壤中易分解有机物质含量高还会间接地促进土壤反硝化作用,因为易分解有机物质的分解消耗了土壤中的氧,从而促进了土壤中厌氧环境的形成,有利于反硝化作用的进行。

六、全球氮循环

氮素有 4 种存在形式:分子态氮(N_2);蛋白质核酸等各种有机态氮;氨和氨的化合物(NH_3/NH_4^+);氮的氧化物,包括氧化二氮(N_2O)、一氧化氮(NO)、硝酸盐和亚硝酸盐。这些不同形态的氮素存在于岩石、沉积物、煤炭和石油、大气、水域和生物库中。各种形态的氮素在各库(地球大气圈、生物圈、土壤圈、水圈)之间通过化学、物理、生物的途径以不同速率进行迁移和周转,构成了全球的氮循环。全球氮循环包括陆地和海洋两大系统,是重要而复杂的生物地球化学循环。地球上的生命起源、生物的繁衍进化以及人类的生产生活均与氮循环有密切的关系。大气中的氮素主要以惰性氮——氮气(N_2)的形式存在,占大气总体积的 78.1%。作为地球系统最大的氮库,氮气因分子中三键的强度很大,使得其很难被植物直接利用,自然生态系统中的氮输入主要通过固氮作用(闪电固氮和生物固氮)完成。硝酸盐和铵盐通过植物的吸收作用进入有机体,来维持生物的生长。有机体通过微生物的分解和矿化作用,将有机氮转化为铵盐,重新回到土壤中。铵盐在硝化细菌作用和有氧条件下被氧化为亚硝酸盐及硝酸盐,硝酸盐则往往在缺氧条件下通过反硝化细菌被还原为氮氧化物和氮气,重新回到大气中去,完成氮的循环过程。

全球氮循环由各氮库之间的通量组成(表 2.2)。到目前为止,地球上最大的总氮储量是大气中的氮气(N_2)。在地壳和海洋沉积物中也存在大量非 N_2 形式的地质储库,例如硅酸盐矿物和黏土中的铵以及沉积物和沉积岩中的有机氮。土壤和海洋沉积物中最丰富的氮形式是由生物过程产生的有机氮。尽管有机氮也可以通过生物过程降解,但它往往会在土壤和沉积物中积累,因为随着时间的推移,其化学结构变得更加复杂,导致降解难度增大。因此,陆地和海洋中的大型有机氮储层具有很长的停留时间,其中一些物质最终转移到沉积层和岩石储层。氮库之间氮的转化和转移(表 2.2)主要由生物过程控制,而与大气和地质储层相比,生物质本身中的氮含量十分低,相对较小的生物通量控制着大型氮库中氮的可用性。根据估计,陆地和海洋生物群中的氮总量估计高达 10×10^3 Tg,只是大气中氮库百万分之一。

同时,大气和地质储层的巨大规模表明,非生物过程在控制这些储层之间的通量和氮库大小方面也很重要。风化等非生物过程可能在比生物通量更大的程度上改变着地质过程中的氮通量以及大气和岩石中氮库的大小。有机氮在全球氮库中是一个相对较大的库(生物圈加上海洋中的 PON 和 DON,以及土壤和沉积物中的大部分氮)。其中一些氮物质以复杂生物分子的形式保存在沉积物中,被用于研究过去微生物生命的生物标志物。同时,这些微量氮有助于增加石油和其他化石有机沉积物中的氮含量,促进地质储量的形成,并有利于在化石燃料燃烧过程中生成氮氧化物。

表 2.2 全球氮循环中的主要通量(Ward,2012)

氮通量	氮通量来源	$Tg \cdot a^{-1}$
输入量		
固定	天然陆地	107
	天然海洋	130
	豆科作物	31.5
	化肥	100
	化石燃料燃烧	24.5
闪电		21
火山		5
损失		0.04
反硝化	天然陆地(土地和河流)	115
	天然海洋	400
工业燃烧		7
生物质燃烧		41.6
海洋沉积		25

全球氮循环对于生态环境的维持和人类生存有着重要的作用。全球氮循环是各种生物体合成蛋白质和核酸所必需的元素来源之一,对于维持生物体的生长和繁殖具有重要意义。氮元素在大气、陆地、河流、湖泊、海洋等各个环境中不断循环和传递,这使得氮元素能够为不同生态系统提供稳定的氮源和营养物,维持着生态系统的多样性和稳定性。此外,氮元素的不同形态(如氨、硝酸盐等)还能影响着水体的化学性质,从而影响生物的生存和分布。全球氮循环也与人类活动密切相关,人类的农业、工业、废弃物处理等活动都会对氮元素的循环过程产生影响,从而直接或间接地影响着生态环境和人类健康。

工业化以前,世界处于农业经济时代,氮素营养的供应主要靠两方面。一是豆科固氮,植物与土壤中非共生固氮微生物从大气中固定氮;二是靠人与动物排泄物中的氮再循环利用。同时,通过反硝化作用,淋溶沉积等作用使氮素不断返回大气,从而使氮的循环处于一种平衡的状态。但是,工业革命之后,随着人类发展出集约化的农业和工业过程来固定 N_2,人类开始大规模地干扰氮循环过程(图 2.5)。在土地资源有限,无法满足日益增加的人口的需求时,德国化学家 Haber 和 Bosch 于 20世纪初期创立了"Haber-Bosch 工艺"用于制造氮肥。随着工农业的发展和人口的剧增,目前人类生产的 50% 的食物需要依靠工业氮肥,而这种肥料使用和豆科植物的种植使陆地和海洋生态系统的氮输入几乎增加了一倍。在过去的一个世纪里,人类活动产生的活化氮数量已超过自然固定的程度,并且预计在 25 年内全球范围内将继续增加 10%~15%。当前的大规模氮富集现象已经威胁到了生态系统的健康和生物多样性,成为世界许多地区关注的主要原因。

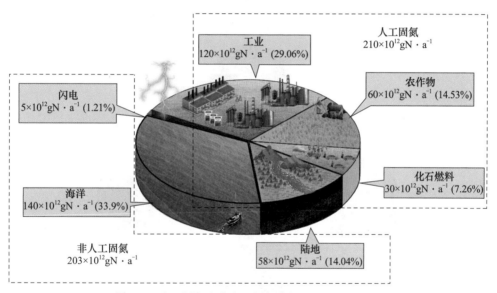

图 2.5　人工固氮和非人工固氮来源(Stevens, 2019)

全球人为活性氮数量的增长,虽然有助于增加作物产量,但势必给全球生态环境带来更大的压力,使与氮循环有关的生态环境问题进一步加剧。氮的过量活化,使自然界原有的固氮和脱氮失去平衡,越来越多的活性氮向大气和水体过量迁移,造成氮循环异常,产生全球环境问题。目前全球氮回收率平均为 59%,表明近五分之二的氮输入在生态系统中丢失,如果不能有效处理、管控这些氮素,在一定程度上会严重影响人类健康、生物多样性和气候变化。因此,氮排放后的有效管理对于减少有害的环境后果也十分重要,如有效储存动物粪便、气体洗涤以去除工业排放中的活性氮等,同时应建立相应法律法规加以支持,从源头控制、调配氮肥的投入,从而实现经济、生态和社会三大效益达到最佳的结合。

第三节　水循环

　　水循环是指地球上各种形态的水,在太阳辐射、地球引力等的作用下,通过水的蒸发、水汽输送、凝结降落、下渗和径流等环节,不断发生的周而复始的运动过程(水相不断转变的过程)。从广义上来说,处于循环中的水在庞大的循环系统中不断的运动、转化,使水资源不断地更新,在一定程度上说明水是可再生资源。水循环已经持续了几十亿年,地球上所有生物都依赖于水循环这个系统,如果没有水循环,地球将会是一个毫无生机的地方。一般来说,我们将会从海洋、河流水、沼泽水、土壤水、地下水概念来认识水循环的过程,其主要包括了以下的概念:蒸发、降水、水汽输送、地表径流、下渗、地下径流等来概括水循环的一般过程,如图 2.6 所示。

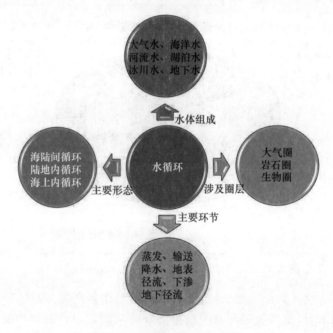

图 2.6　水循环的概念体系图

一、水体组成

　　水环境包括地球表面上的各种水体,如海洋、河流、湖泊、水库以及埋在土壤岩石空隙中的地下水。水体是水汇集的场所,水体又称水域。水体是地球环境的一个重要组成部分。水体以不同的物质形态(液态、固态、气态)分布于地球的大气圈、水圈、岩石圈和生物圈中。广义的水圈包括了地表及地壳表层岩石、生物和大气中的水体。从表面上看,地球71%的表面积被水覆盖,全球总水量为1.386亿km³,但地球水体的绝大部分(96.5%)是贮存于海洋中的咸水;陆地上淡水资源储量只占地球上水体总量的2.53%。如果再把难于被人类利用的冰川及多年积雪、多年冻结层中水,以及沼泽水、生物水等也扣除在外,真正能为人类利用的水(地下淡水和河湖淡水)将只占全球水体储量的0.766%。由此可见,全球目前能被人类直接利用的水体储量是非常有限的。

根据我国水利部门的统计,我国多年平均的降水量约60000×10⁸ m³,折合降水深度为628 mm,低于全球陆地的平均降水深度(800 mm)。在我国的降水量中,56%的水量被植被吸收、蒸腾或被土壤及地表水体蒸发所消耗,只有44%的降水量形成地表径流和补给了地下水。我国水资源的总量约为27120×10⁸ m³/a,从水资源总量上看,我国在世界各国中排列第四,河川的径流总量排在世界第6位,而人均径流量为2530 m³,约为世界人均的1/4,居世界第88位。可见,按人口平均,我国是"贫水国家"。

二、水循环的主要形态与环节

水循环是将生物圈、大气圈和岩石圈联系到一起的一个枢纽,受热量、大气环流、洋流和下垫面等因素的影响。简单来说,降水和蒸发是水循环的两种主要方式。水循环在太阳能的推动下通过蒸散把地表水(主要是海水)转化成水汽,上升的气流将水汽带到空中,大气层温度较低,水汽遇冷凝结形成云,云积累到一定厚度时又以雨雪、冰雹的形式返回到地面和海洋,如图2.7所示。水循环主要形态包括:海洋与陆地之间的循环(海陆循环即大循环)、陆地与陆地上空之间的循环(内陆循环)和海洋与海洋上空之间的循环(海上循环)三种。海陆循环主要是蒸散(水汽)、水汽输送(云、雾)、降水(雨、露、雪、霜、冰雹)和(地表、地下)径流;内陆循环主要是蒸发和植物蒸腾、降水;海上循环主要是蒸发、降水。

(1)蒸发

蒸发(Evaporation)是物质从液态转化为气态的相变过程。蒸发量是指在一定时段内水分经蒸发而散布到空中的量,通常用蒸发掉的水层厚度的毫米数表示。一般温度越高、湿度越小、风速越大、气压越低,则蒸发量就越大;反之,蒸发量就越小。蒸发量的计算非常重要,因为它能够说明气象概念、气候变化和水循环之间的关系。蒸发量的计算公式可以用下面的方程式表示:

$$蒸发量 = 空气湿度 \times 空气温度 \times 风速 \times 湿度差 \div 24$$

空气湿度(Humidity)是指空气中水汽的含量,一般以相对湿度(Relative Humidity)表示,以百分比(%)表示。空气温度(Temperature)是空气中的温度,单位是摄氏度(℃)。风速(Wind Speed)是指空气流动的速度,单位是米/秒(m/s)。湿度差(Humidity Difference)是指空气湿度的差异,即空气湿度的减少量,以百分比(%)表示。

图 2.7　生态系统水循环示意图

(2)水汽输送

水汽输送(Water Vapor Transportation)是指大气中的水分因扩散(或指气流运动)而由一地向另一地运移,或由低空输送到高空的过程。以空间尺度为准,水汽输送有水平输送和垂直输送两种方式,前者主要把海洋上空的水汽带到陆地上空,是水汽输送的主要形式,而后者由空气上升运动把低层水汽输送到高空,是成云致雨的重要原因。

水汽输送一般有 3 种方式:①水平输送:输送量取决于风速的强弱和水汽含量的大小。大型降水过程所需要的大量水汽,主要依靠大尺度环流将水汽从水汽高含量区(一般是高温洋面上)向降水区输送。②铅直输送:主要决定于气流上升速度的大小,可将低层水汽输送到较高层,使湿层变厚。③乱流扩散:取决于乱流强度和水汽的垂直分布,可以将贴近海面的水汽向上空输送(严宏谟,1998)。

(3)降水

降水(Precipitation)是指地面从大气中获得的水汽凝结物,自然界中发生的雨、雪、露、霜、霰、雹等现象等都属于降水的范畴。它是受地理位置、大气环流、天气系统条件等因素综合影响的产物,是水循环过程的最基本环节,其中降雨和降雪是主要形式(陶涛,2017)。受地理位置和气候条件因素的影响,我国降水具有以下特点:①年降水量地区分布不均;②降水量的年际变化很大;③降水的年内分配不均等。

(4)径流

径流(Runoff)是指沿地表或地下水运动汇入河网向流域出口断面汇集的水流,是水循环的基本环节,又是水量平衡的基本要素,是自然地理环境中最活跃的因素。根据降水的形式可以把径流分为"降雨径流"和"冰雪融水径流"两种,同时还能根据径流的形成过程及径流途径的不同将径流分为"地表径流""壤中流""地下径流"三类。从降雨到达地面至水流汇集、流经流域出口断面的整个过程,称为径流形成过程。降水的形式不同,径流的形成过程也各异,我国的河流以降雨径流为主,冰雪融水径流只是在西部高山及高纬地区河流的局部地段发生。径流是地貌形成的外营力之一,并参与地壳中的地球化学过程,它还影响土壤的发育、植物的生长和湖泊、沼泽的形成等。

(5)下渗

下渗(Infiltration)又称入渗,是指水分从地表渗入到地下的运动过程,是降雨径流形成过程的重要环节,直接决定地表径流、壤中流和地下径流的生成和大小,并影响土壤水和地下水的动态过程,是将地表水与地下水、土壤水联系起来的纽带,是径流形成过程、水循环过程的重要环节。其中在单位时间内单位面积渗入土壤中的水量,称为下渗率或下渗强度。下渗实际上是水在土壤分子力、毛管力和重力作用下从地表渗入地下的运动。分子力和毛管力随着土壤水分增大而减小,当水分充满毛管孔隙而达到饱和时,下渗主要是在重力作用下进行。影响下渗的因素有:降雨强度、地面植被度和植被种类、土壤物理特性、温度和水质等。

(6)植物蒸腾

蒸腾(Rising Transpiration)是指植物体表(主要指叶子)的水分通过水汽的形式散发到空气中的过程。蒸腾与物理学上所说的蒸发有着一定的差别,蒸腾作用不仅会受到外界环境的影响,还会受到植物的调节和控制,所以蒸腾作用要比蒸发作用复杂得多,蒸腾作用的发生与植物的大小无关,即使是幼苗依然能够进行蒸腾。地表上有很大一部分水并没有直接汇进海洋,而是被植物吸收,然后通过植物的蒸腾作用把水以气体的方式散放到空气中,升到空中又降到地面,这也是水循环的一种重要形式。

三、影响水循环的因素

(1)气候因素

主要包括湿度、温度、风速、风向等,是影响水循环的主要因素。一般情况下,温度越高,蒸散越旺盛,水分循环越快;风速越大,水汽输送越快,水分循环越活跃;湿度越高,降水量越大,参与水循环的水量越多。

（2）下垫面因素

主要包括地理位置、地表状况、地形等，它对水循环的影响主要是通过影响蒸发和径流起作用的。有利于蒸散的地区，水循环活跃，而有利于径流的地区，水循环不活跃。

（3）人类因素

人类活动主要是通过改变下垫面的性质、形状来影响水循环，对水循环的影响也主要是在调节径流、加大蒸发、增加降水等环节上。如修建水库、淤地坝等措施促进了水分循环。

四、全球水循环及其意义

大气中的水通过降水落到陆地表面或海洋，落到陆地表面的水有着不同的归属：有的落到城市的街道、建筑物上，很快随着下水管道流走；有的落在植物群落中，被截留大部分，用来植物的生长及繁殖。同时，落到土壤的水，一部分渗入土中，改善土壤的含水条件；另一部分会随着地表而流入湖泊和海洋。而植物又会发生蒸腾作用，河流、湖泊和海洋表面及土壤中的水也会不断发生蒸发作用产生大量的水汽进入到大气，这样如此周而复始的运动，使水资源不断转化、更新达到一个动态平衡的状态（图 2.7；图 2.8(b)）。自然环境中水的循环是大、小循环交织在一起的，并在全球范围内和地球上各个地区内不停地进行着。

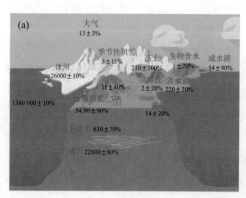 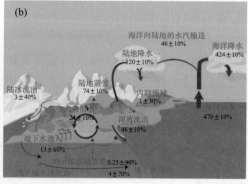

图 2.8　全球主要水体与全球水循环通量示意图（姜大膀 等，2021）
(a)水体的主要组成(10^3 km³)；(b)水循环的主要环节(10^3 km³·a⁻¹)

据统计，陆地表面每年的平均降水量约为 113 万亿 m³（折合平均水深约为 1000 mm），主要由海洋的蒸发和陆地的蒸发与植被的蒸腾补给。海洋平均每年蒸发约为 413 万亿 m³，其中只有约 10% 输送到陆地；陆地平均降水中 65% 被植被蒸散，其余转变为地表径流（苏布达 等，2020）。但地球上的降水量和蒸发量总的来说是相等的,虽然在不同表面、不同地区的降水量和蒸发量是不同的,而且地球的蒸发量远大于降水量,但就陆地和海洋来说,它们的水量差异是可以通过海洋、江河源源不断输送给海洋来补给,从而达到全球水循环的平衡。大气层中的水只占地球上所有水的 0.001%,并主要以气体(水汽)的形式出现,但它亦以冰和云中液态水的形式存在。海洋是地球上的主要水库,它在全球大部分地区主要由液态水组成,但也包括极地地区被冰覆盖的区域。陆地上的淡水资源主要是由江河及湖泊中的水、高山积雪、冰川以及地下水等组成,其中冰山、冰川水占 77.2%,地下水和土壤中水占22.4%,湖泊、沼泽水占 0.35%,河水占 0.1%。冬季融雪补充了土壤湿度和河川径流,对人类活动和生态系统运行也很重要(图 2.8(a))。

　　水循环对于全球气候和生态环境具有重要的作用。水循环进行着能量交换和物质转移,地球上大量的热量被用于冰川的融化成水,而水又进一步被气化成水汽,水循环主要对地表太阳辐射能进行吸收、转化、传输,以缓解不同纬度间热量收支不平衡的矛盾,对于气候的调节具有重要意义,此外,水有调节生态环境温度剧烈波动的作用。同时,水循环也是许多化学物质发生更新、交替的重要场所,这是因为水循环中携带着许多化学物质,它们随着水循环被迁移到不同地方,如陆地径流向海洋源源不断地输送泥沙、有机物和盐类,这就极大影响着各种营养物质在地球的分布。水循环对于生态环境的作用主要体现在:①维持了全球水的动态平衡,使全球各种水体处于不断更新状态;②使地表各圈层之间、海陆之间实现物质迁移和能量交换;③影响全球的气候和生态;④塑造着地表形态。

第四节　生态系统服务

一、生态系统服务的概念

　　生态系统服务是指生态系统与生态过程所形成与维持的人类赖以生存的自然环境条件与作用,是人们直接或间接地从生态系统中获得利益。生态系统为人类社会提供一系列的福利、健康、生计和生存等至关重要的产品和服务,人类的生存依赖于生态系统所提供的各项服务。一般来说,生态系统服务主要分为以下 4 个类别。

　　(一)供给服务

　　供给服务是指生态系统为人类提供各种产品如食物、纤维、淡水,以及生物遗传资源等的效益。一般来说,生态系统供给服务的大小主要取决于生态系统本身的规模和功能。生态系统通过初级生产与次级生产,合成与生产了人类生存所必需的有机质及其产品。据统计,每年各类生态系统为人类提供粮食 1.8×10^9 t,肉类约

$6.0×10^8$ t,同时海洋还提供鱼类约 $1.0×10^8$ t。生态系统还为人类提供了木材、纤维、橡胶、医药资源,以及其他工业原料。此外,生态系统还是能源的重要来源,据估计,全世界每年约有15%的能源取自于生态系统,在发展中国家更是高达40%。

（二）调节服务

调节服务是指生态系统中生物多样性的产生与维持、气候调节、人类疾病调节、环境净化、授粉、病虫害防治和自然灾害减轻等调节效益。

（1）生物多样性的产生与维持

生物多样性是指从分子到景观各种层次生命形态的集合。生态系统不仅为各类生物物种提供繁衍生息的场所,而且还为生物进化及生物多样性的产生与形成提供了条件。同时,生态系统通过生物群落的整体创造了适宜生物生存的环境。同物种不同的种群对气候因子的扰动与化学环境的变化具有不同的抵抗能力,多种多样的生态系统为不同种群的生存提供了场所,从而可以避免某一环境因子的变动而导致物种的绝灭,并保存了丰富的遗传基因信息。

（2）气候调节

生态系统对大气候及局部气候均有调节作用,包括对温度、降水和气流的调节,从而可以缓冲极端气候对人类的不利影响,对区域性的气候甚至大气候起到直接的调节作用。陆地生态系统中的绿色植物通过固定大气中的 CO_2、释放 O_2 等,维持大气环境化学组成的平衡,而减缓地球的温室效应。生态系统植被的覆盖状况可直接影响到水分蒸腾及涵养、对太阳辐射的吸收和反射、地面辐射等生态过程,从而影响到降水和气温等重要气候要素,植物通过发达的根系从地下吸收水分,再通过叶片蒸腾,将水分返回大气,大面积的森林蒸腾会导致雷雨,从而减少了该区域水分的损失,并降低气温。有研究表明,在亚马孙流域,50%的年降水量来自于森林的蒸腾。

（3）减轻自然灾害

陆地生态系统具有滞洪减灾作用。在减缓洪水方面,植被生态系统发挥着重要的作用,尤其在洪水期,植被能显著地削减洪峰。这种减缓作用是通过降水截留、植被蒸腾、土壤水分渗透、延长融雪时间、减少地表径流等功能综合实现的。

（4）环境净化

生态系统的生物净化作用包括植物对大气污染的净化作用和对土壤污染的净化作用。植物是大气的天然净化器。植物净化大气主要是通过叶片的作用实现的,绿色植物净化大气的作用主要有两个方面:一是吸收 CO_2、释放 O_2 等,维持大气环境化学组成的平衡;二是在植物抗性生理范围内能通过吸收作用,减少空气中硫化物、氮化物、卤素等有害物质的含量。

（三）文化服务

由于漫长的人类进化进程的最长时间段发生在原始生境中,人脑感觉与聚集信息的机制和自然景观过程、生物多样性有着千丝万缕的联系。因此,自然生态系统是科学、文化、艺术灵感的源泉,为教育及科学研究提供巨大的潜力,在陶冶情操、丰富思维、开阔视野等方面具有无穷的潜力,具有休闲娱乐、审美功能以及文化和精神方面的价值,是人类文化娱乐的源泉。对于现代人类社会来说,生态系统的这种服务功能具有重要价值。

(四)支持服务

支持服务是指供给基本生态系统过程和功能的服务,如土壤形成、初级生产力、生物地球化学和生境的供给。这些服务通过供给、调节和文化服务的过程,间接地影响人类的福利。例如,净初级生产(NPP)是一种生态系统功能,它提供碳汇和从大气中吸收碳,它结合了建筑、人类和社会资本,为气候调节提供效益。

生态系统的各种服务之间密切关联,任何一种生态系统服务的变化,必将影响到其他服务的状况。应当特别注意的是,过分强调食物生产等生态系统供给服务的提高,必将导致其调节服务(如水源涵养、洪水调蓄等)的降低。例如,在河漫滩开垦农田,虽然增加粮食生产,但会减少过水断面,增加洪水风险,往往得不偿失。因此,在针对单一的生态系统服务制定决策时,必须考虑到对其他相关生态系统服务的影响。

二、生态系统服务价值评估

随着人类生产力的提高,对自然资源开发日益加剧,导致自然可提供给生态系统服务的资本存量日益枯竭。因此,有研究者提出使用生态系统服务前,需对其进行从成本到效益核算。1997 年,美国学者 Costanza 等(1997)对生态系统服务价值进行了全面和系统的估算,并计算出单位面积的经济产值,最后公布于世的是全球生态系统服务总值为 33 万亿美元·a^{-1}。在 2014 年,Costanza 等(2014)再次对 16 个生物群区的 17 个生态系统服务的价值进行了估算,预估 2011 年全球生态系统服务总值为 124.8 万亿美元·a^{-1}。在 2017 年,澳大利亚学者 Kubiszewski 等(2017)以 2011 年生态系统服务价值的估计值作为比较的基础,估计了未来全球土地利用和管理情景下生态系统服务的未来价值。根据预估,在全球经济持续增长且在政府干预和有效政策管理的条件下,2050 年全球生态系统服务总值为 122.0 万亿美元(表 2.3)。

表 2.3 2050 年全球生态系统服务预估价值 (Kubiszewski et al. ,2017)

生态系统	面积(10^6 hm²)	价值(美元·hm⁻²·a⁻¹)	全球价值(10^{12}美元·a⁻¹)
海洋	36 302	1 368	49.7
大陆	14 822	4 901	72.3
森林	4 037	3 800	15.4
草地	4 201	4 166	17.5

续表

生态系统	面积($10^6\,hm^2$)	价值(美元·hm^{-2}·a^{-1})	全球价值(10^{12}美元·a^{-1})
湿地	226	140 174	24.0
湖泊	220	12 512	2.8
沙漠	1 871	—	—
苔原	431		
冰/岩	1 640	—	—
农地	1 710	5 567	9.5
城市	486	6 661	3.2
总共	51 124		122.0

在过去漫长的历史发展过程中,自然生态系统提供的服务基本可以满足社会发展需求,然而,自 20 世纪中期以来,人类对于生态系统服务的需求剧增,对于生物资源的需求与消费也在年年猛增,给生态系统及其服务功能带来了极大的压力,导致全球 60% 的生态系统服务退化,使得生态系统提供服务功能的能力严重衰退。如过度捕捞不仅使世界渔业逐渐衰退,还导致海洋生态系统面临严重灾难。目前我国的生态系统退化严重,导致生态系统服务功能不断下降,为此我国开展了一系列的生态环境保护项目,如"退耕还林""退耕还草"等来修复生态系统的服务功能,减少损害生态系统服务的短期经济行为,保护生态系统并最终促进人类社会的可持续发展。

近年来,随着可持续发展研究的深入,人们日益意识到人类的可持续发展必须建立在保护地球生命支持系统、维持生物圈和生态系统服务功能的可持续性的基础上。人类社会的可持续发展从根本上取决于生态系统及其服务的可持续性,因此,开展生态系统服务功能的辨识与评价,完善对地球上生态系统的管理,确保生态系统的保护与可持续利用,是提高人类福祉和推动可持续发展进程的重要保障。我国学者也非常重视对生态系统服务价值的评估研究,取得的成果包括:

(1)全国生态系统服务价值的研究。安国强等(2022)通过文献分析和计量统计为主要方法,梳理了中国土地利用与生态系统服务价值评估研究进展,分析了目前存在的主要问题。赵军和杨凯(2007)从研究对象、价值构成、研究方法、时空过程等4 个方面对生态系统服务价值评估的当前特征进行了分析,探讨了价值评估中评估基础、评价方法以及结论应用等问题。

(2)区域生态系统服务价值的研究。邱彭华等(2020)利用海口市 1959 年地形图和 1976、1985、1995、2005、2018 年 5 个年份影像数据的精确配准与解译,基于当量因子的生态系统服务价值(Ecosystem Services Value, ESV)评估方法,构建了湿地生态系统结构与功能变化对其 ESV 影响的评估模型,分析了湿地 ESV 的动态变化。曹跃群等(2022)基于 2009—2016 年重庆市各类土地利用类型面积的调查数据,测算了全市 ESV,并结合研究期间各区(县)经济水平,系统分析了 ESV 与经济增长时空动态关系的演变。

(3)单个生态系统服务价值的研究。段晓峰和许学工(2006)采用市场价值、替代工程等方法基于县域尺度对山东省各地区森林生态系统的生产、游憩、改善大气环境、水土保持等服务进行价值评估;尹飞等(2006)从农田生态系统非生物环境特征、生物特征、生态过程和人类活动影响等四个方面,归纳和分析了我国农田生态系统服务形成机制的研究现状。

(4)地理信息系统支持下的生态系统服务价值研究。肖寒等(2000)基于地理信息系统手段,采用通用土壤流失方程(USLE)及其修改式估算了海南岛现实土壤侵蚀量和潜在土壤侵蚀量,得到了海南岛生态系统土壤保持的空间分布特征;陈能汪等(2009)研究认为,生态系统服务价值评估结果表现形式从单一数值化向基于地理信息系统的空间表达发展。

总的来看,生态系统服务价值评估问题是一个多学科的综合研究领域,也是一个世界性难题,解决问题的关键在于经济学与生态学相关理论与方法的创新应用和集成创新。

复习思考题

1. 什么是生态系统,基本组成成分是什么? 有哪些类型?
2. 初级生产力与次级生产力分别受到哪些因素的影响?
3. 碳循环包括那几个过程? 分别受哪些因素的影响?
4. 试分析人类活动与碳循环的关系。
5. 全球生态系统中氮循环过程的机制是什么? 哪些因素影响着氮的转化和迁移?
6. 水循环的环节有哪些? 影响因素是什么?
7. 生态系统有哪些服务功能?

参考文献

安国强,黄海浩,刘沼,等,2022. 中国土地利用与生态系统服务价值评估研究进展[J]. 济南大学学报(自然科学版),36(1):28-37.

曹跃群,赵世宽,杨玉玲,等,2022. 重庆市生态系统服务价值与区域经济增长的时空动态关系研究[J]. 长江流域资源与环境,29(11)：2354-2365.

陈能汪,李焕承,王莉红,2009. 生态系统服务内涵、价值评估与 GIS 表达[J]. 生态环境学报,18(5):1987-1994.

段晓峰,许学工,2006. 区域森林生态系统服务功能评价——以山东省为例[J]. 北京大学学报:自然科学版,42(6):751-756.

姜大膀,王娜,2021. IPCC AR6 报告解读:水循环变化[J]. 气候变化研究进展,17(6)：699-704.

刘天琳,2020. 不同 pH 及土地利用方式对土壤硝化作用及硝化微生物的影响[D]. 重庆:西南大学.

邱彭华,钟尊倩,辜晓虹,等,2020. 区域湿地生态系统结构与功能变化对生态系统服务价值的影响——以海口市为例[J]. 植物科学学报,40(4)：472-483.

苏布达,孙赫敏,李修仓,等,2020. 气候变化背景下中国陆地水循环时空演变[J]. 大气科学学报,43(6):1096-1105.

陶涛,2017. 水文学与水文地质[M]. 上海:同济大学出版社,94-102.

肖寒,欧阳志云,赵景柱,等,2000. 海南岛生态系统土壤保持空间分布特征及生态经济价值评估[J]. 生态学报,20(4):552-558.

严宏谟,1998. 海洋大辞典[M]. 沈阳:辽宁人民出版社,574.

尹飞,毛任钊,傅伯杰,等,2006. 农田生态系统服务功能及其形成机制[J]. 应用生态学报,17(5):929-934.

赵军,杨凯,2007. 生态系统服务价值评估研究进展[J]. 生态学报,27(1):346-356.

COSTANZA R, ARGE, GROOT R D, et al,1997. The value of the world's ecosystem services and natural capital[J]. Nature, 387(15):253-260.

COSTANZA R, GROOT R D, SUTTON P,et al, 2014. Changes in the global value of ecosystem services[J]. Global Environmental Change-Human and Policy Dimensions,26：152-58.

KEENEY D R,FILLERY I R , MARX G P, 1979. Effect of Temperature on the Gaseous Nitrogen Products of Denitrification in a Silt Loam Soil[J]. Soil Science Society of America Journal, 43：1124-28.

KUBISZEWSKI I, COSTANZA R, ANDERSON S, et al, 2017. The future value of ecosystem services：Global scenarios and national implications[J]. Ecosystem Services,26：289-301.

LIANG C,2020. Soil microbial carbon pump：Mechanism and appraisal[J]. Nature,2：241-254.

STEVENS C J, 2019. Nitrogen in the environment[J]. Science, 363(6427):578-580.

WARD B, 2012. The global nitrogen cycle［J］. Fundamentals of geobiology（pp.36-48）. John Wiley & Sons, Ltd.

第三章　全球变化驱动因子

　　全球变化是由自然因素和人为因素共同驱动从而造成的全球性的环境变化。自然因素主要指由地球内部的能量所驱动的各种作用过程及其导致的全球变化,如板块运动在导致海陆分布变化的同时,可引起全球温度和降水格局的变化等。目前全球气候变化在其自然变化的基础上明显又叠加了人类活动的贡献,人类活动所引起的地球系统状态和功能的改变在工业革命以来的 200 多年里急剧加速。目前,大气 CO_2 和 O_3 浓度升高、气温升高、氮沉降增加、降水格局变化、大气污染物及土地利用变化等是全球气候变化最为重要的几个驱动力,与自然生态系统、管理生态系统的可持续性以及人类的生存环境息息相关。这些驱动因子之间相互作用和影响,均能进一步引发大气圈、水圈、生物圈发生各种变化,从而导致全球变化(图 3.1)。

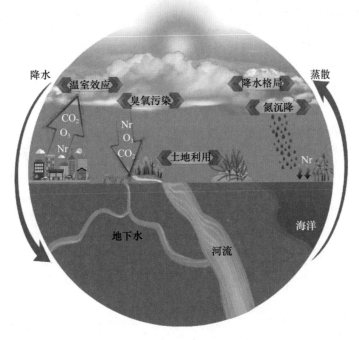

图 3.1　温室效应、臭氧污染、降水格局、氮沉降和土地利用等驱动全球生态系统发生变化

第一节 大气 CO_2 浓度变化

大气中 CO_2 占全部温室气体的 27%，也是存留时间最长的一种温室气体（$20\sim$ 200 年），大气 CO_2 浓度（p_{CO_2}）升高对增强温室效应的贡献约为 65%，已成为驱动全球气候变化的最主要因素之一。约 45 亿—20 亿年前，火山爆发和小行星撞击地球产生的气体形成了次生大气，从此阶段起 CO_2 开始在大气中存在，并成为维持地球恒温的主要动力。自地球有生命开始，大气中 CO_2 含量不断波动变化，时高时低，但从元古代、石炭纪、白垩纪到今天，整体呈现下降趋势。约 5 亿年前海洋生物首次踏上陆地时，p_{CO_2} 约为 7000 ppm，此后由于地壳运动、火山爆发和植物进化等环境因素，p_{CO_2} 不断波动变化。目前空气中 CO_2 占大气总体积的 $0.03\%\sim0.04\%$，虽然在历史上处于中低水平，但其浓度正以每年 0.4% 的增长率上升。

一、地质年代大气 CO_2 浓度变化

随着科学的发展，发展出了众多技术可以用来探究地球碳分布和大气 CO_2 水平的演变历史。例如，利用地幔演化和碳循环模型可模拟全球 p_{CO_2} 在各个地质时期的变化规律，通过追踪土地面积和海拔、植物进化、全球构造等开发的地球化学模型也可估算地球 p_{CO_2} 演变史，基于植物表型和 CO_2 水平之间的关联可从植物化石中估算 p_{CO_2}，通过海洋有机物质和碳水化合物之间碳同位素的差异也可估算 p_{CO_2}。此外，由于 p_{CO_2} 本身受风化作用和岩浆作用共同影响，可以从同位素记录的变化中推断出 p_{CO_2} 的相对波动特征。

从过去 5 亿年 p_{CO_2} 波动中（图 3.2）可以看到，自地球形成以来的大部分时期中 p_{CO_2} 波动幅度较大，相当于现在的 $2\sim4$ 倍。而距今 1.75 亿年以来，p_{CO_2} 也表现出相应的波动变化，但变化幅度较小。地质时期 p_{CO_2} 的 3 个高峰期全部处在地球相对较冷的时期，如古生代奥陶纪末期的冰期和石炭—二叠纪大冰期。Ekart 等（1999）通过对 758 个化石土壤碳酸盐数据库进行分析，发现 4 亿年来 p_{CO_2} 在高浓度（4500 ppm，相当于 10 倍当前浓度）和低浓度（500 ppm，近似当前浓度）之间发生了几次振荡。在早古生代全球 p_{CO_2} 较高，此后在整个古生代表现出逐渐下降趋势。维管植物的进化和分布区扩展被认为是古生代 p_{CO_2} 呈现逐渐下降趋势的主要决定因素。

在整个新生代，全球 p_{CO_2} 一直维持在相对较低的水平，变化幅度较小。虽然普遍认为早新生代（约 6000 万年前）p_{CO_2} 高于当前浓度，但对于 p_{CO_2} 在地质时间尺度上的确切水平、下降时间以及变化机制仍然存在分歧。有孔虫等海洋浮游微体生

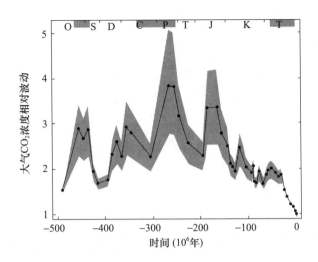

图 3.2　基于锶、碳同位素分析的过去 5 亿年 p_{CO_2} 波动（Rothman，2002）

（顶部的灰色条对应地球气候相对寒冷的时期；之间的空白对应为温暖时期。大写字母
表示不同地质年代：奥陶纪、志留纪、泥盆纪、石炭纪、二叠纪、三叠纪、侏罗纪、白垩纪、第三纪）

物骨骼的富集在深海沉积过程中具主导地位，其骨骼中相关同位素含量与海水中同位素含量存在一定平衡关系，可通过底栖有孔虫壳体碳同位素波动重建古气候。Pearson 等（2000）使用底栖有孔虫壳体硼同位素比值来估计过去 6000 万年来表层海水的 pH 值，以此重建 p_{CO_2} 变化，发现古新世晚期和始新世早期（约 6000万—5200 万年前）p_{CO_2} 超过 2000 ppm，并且在 55000 万—4000 万年前呈现不稳定的下降趋势，这可能是海脊、火山和变质带的 CO_2 浓度脱气减少以及碳埋藏增加的结果。

　　从早中新世（约 2400 万年前）起，p_{CO_2} 一直保持在 500 ppm 以下。中新世时期p_{CO_2} 的变化趋于稳定，但仍有波动。在距今 1425 万—1408 万年期间，p_{CO_2} 较稳定地从约 320 ppm 增至 520 ppm，随即呈现下降的趋势。研究发现，该时期 p_{CO_2} 的变化与碳稳定同位素变化相一致。更新世（258 万—1 万年前）是地球气候模式转变的关键期，该时期 p_{CO_2} 整体处于较低水平（<300 ppm）。深海氧同位素记录表明，在距今120 万—80 万年时，更新世气候变化由之前的以 4 万年周期为主，转变为之后的以10 万年周期为主，此即中更新世气候转型。有关假说认为，这一气候转型可能是由p_{CO_2} 降低所造成的。南极冰芯记录提供了过去 80 万年全球 p_{CO_2} 变化趋势，证明 p_{CO_2}与南极温度变化之间有显著关联（图 3.3）。在这 8 个冰川周期中，p_{CO_2} 呈现波动的周期变化，气温和 p_{CO_2} 变化均存在 10 万年、4 万年和 2.3 万—1.9 万年的变化周期，其中 10 万年周期为主导周期。

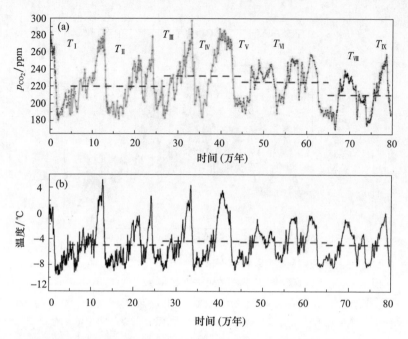

图 3.3　过去 80 万年全球 CO_2 浓度(p_{CO_2})(a)和南极温度(b)的变化趋势(Lüthi et al.,2008)

(水平虚线表示不同时间段内 p_{CO_2} 和温度的平均值;各拉丁字母表示 9 个冰川周期)

二、近千年大气 CO_2 浓度变化

在过去几十万年的时间内,p_{CO_2} 从未超过 300 ppm,而且在冰期-间冰期时间尺度上其变化振幅为 80~120 ppm。从全新世时期(1.2 万年前)至今,地球进入了一个相对温暖的间冰期,可利用的气候记录资料比较丰富,包括树轮、孢粉、钻孔温度、冰芯和古文献资料等。根据南极冰芯重建的全新世 p_{CO_2} 和温度变化结果表明,p_{CO_2} 在冰后期(距今1.2 万至 0.65 万年)从约 270 ppm 缓慢下降到 260 ppm 以下,在距今约 0.65 万年后则一直处于上升阶段。在全新世到工业革命之前,全球 p_{CO_2} 非常稳定,维持在 260~280 ppm。

近千年以来,全球经历了 3 个显著的气候变化时期,即中世纪暖期、小冰期和现代变暖期。在过去 1000 年中,1850 年之前 p_{CO_2} 没有表现出显著的变化,维持在280~300 ppm,并且 p_{CO_2} 与全球温度之间也没有明显的关联(图 3.4)。全球陆地热流数据反演的地表温度变化历史表明,中世纪暖期的温度比现在要高 1~2 ℃,但当时 p_{CO_2} 却比 1850 年之后的现代变暖期低许多。

三、当代大气 CO_2 浓度变化

工业革命以来,化石燃料的大量燃烧打破了大气圈与生物圈间原先和谐的 CO_2平衡,造成 CO_2 在大气中积累。根据美国国家海洋和大气管理局(NOAA)记录,相

比于 18 世纪工业革命前（p_{CO_2} 约为 278 ppm），在不到 300 年的时间内 p_{CO_2} 上升超过了 40%，其中 70% 的增量发生在近 50 年中，达到了过去 80 万年以来史无前例的水平（图 3.5）。根据世界气象组织（WMO）发布的《2020 年全球气候状况》，2020 年是有记录以来三个最暖年份之一，全球 p_{CO_2} 已超过 410 ppm，全球平均温度比工业化前水平高出了 1.2 ℃。此外，2021 年全球冠状病毒大流行并未减少总体 CO_2 排放量，p_{CO_2} 月均值达到 419 ppm。近 60 年的时间内，p_{CO_2} 平均以每年 1.55 ppm 的速度增长，尤其在进入 21 世纪后，其增长率上升到了每年 2.15 ppm，p_{CO_2} 预计在 21 世纪末翻倍。

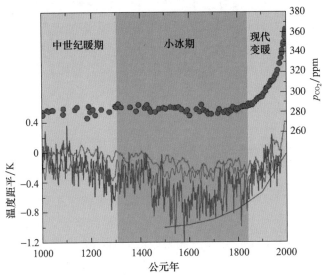

图 3.4　过去 1000 年以来，p_{CO_2} 变化和不同指标重建的温度距平变化（刘植 等，2015）

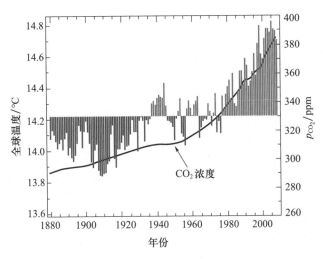

图 3.5　1880—2000 年 p_{CO_2} 变化和温度变化（NOAA，2009）

早期对 p_{CO_2} 的监测主要依靠地面基站。例如,美国最早在位于夏威夷的莫纳罗亚火山观象台进行 p_{CO_2} 测量和记录,世界气象组织于 1989 年建立了目前全球最全面的地面大气监测系统。此外,随着遥感技术的快速发展,其凭借数据稳定、空间范围广等优点,迅速成为监测温室气体分布的一种重要手段。利用卫星数据库资料分析发现,2010—2015 年间 p_{CO_2} 在不同气压高度上空间分布特征差异较大,近地面 p_{CO_2} 波动幅度最大且有明显的空间差异性。2010—2015 年期间,全球有 4 个 CO_2 高值中心,分别为东亚、西亚、美国东海岸,以及非洲中部地区;北半球近地面 p_{CO_2} 整体高于南半球;南半球的变化幅度相对较小且变化趋势与北半球相反;该研究时间段内 p_{CO_2} 呈现明显的增长趋势,且季节变化规律明显;近地表 p_{CO_2} 空间差异高值区与人类 CO_2 排放关系显著,受人类活动影响明显。此外,以东亚为样区的研究发现,全球近地面高度的 p_{CO_2} 季节波动源于陆地植被物候变化,表明陆地生态系统中植被碳汇作用明显。

第二节 地表 O_3 浓度增加

地球大气中臭氧(O_3)的形成可以追溯到 20 亿年前。在阳光照射下,一部分氧分子被短波辐射裂解为两个氧原子,然后氧原子与周围氧分子进一步反应从而形成 O_3。经过亿万年的进化,O_3 在大气中慢慢累积。目前,大气中 90% 的 O_3 分布在大气中的平流层,即 O_3 层,可吸收和阻挡太阳辐射中的短波紫外线,保护地表生物免受紫外线辐射的伤害。近年来,人类活动导致氟氯碳化物等人造化学物大量排放,破坏平流层 O_3,使大气中的 O_3 浓度明显减少,尤其是在南北两极上空。南极上空形成的 O_3 稀薄区被称为"O_3 空洞",无法有效吸收太阳紫外线辐射,导致生态系统和人类生存受到威胁。

一、地表 O_3 污染

地表 O_3 特指距离地球表面 100 m 范围内的近地层 O_3。除少量来自平流层大气传输外,其余大部分是氮氧化物(NO_x)、非甲烷类挥发性有机化合物($NMVOCs$)、一氧化碳(CO)和甲烷(CH_4)等前体物在强烈光照下发生光化学反应而产生。自工业革命以来,伴随城市化进程加快和化石燃料的过度燃烧,地表 O_3 浓度在世界范围内普遍升高。O_3 污染不仅危害人类健康,并对生态系统产生一连串级联损伤,改变"植物-土壤-大气"生物地球化学循环和生态系统结构和功能。然而,直到 1943 年"洛杉矶光化学烟雾"爆发,地表 O_3 的毒害作用才逐渐被学者所揭开。研究证实,弥漫在洛杉矶上空的烟雾主要出现在大气富含碳氢化合物和 NO_x 的夏季,尤其是阳光照射非常强烈的晴天,其主要成分是以 O_3 为主的醛、酮、醇和过氧化氮等光化学氧化剂。

在 1956 年,生态学家 Middleton 发现地表 O_3 会威胁到植物的生长。然而,有关"洛杉矶光化学烟雾"的准确认知直到 1961 年才由 Leighton 在《空气污染的光化学进程》中确认。19 世纪初期欧洲和美国在各地建立了约 300 个大气 O_3 浓度监测站点,少数现存资料表明,全球地表 O_3 背景浓度在该时期并没有明显波动。进入 20 世纪,地表 O_3 监测站在瑞士、德国和法国多地逐渐建立,监测数据表明与 19 世纪相比,20 世纪中后期地表 O_3 浓度增加了 2 倍,平均浓度接近 20 ppb。20 世纪中后期,德国北部海岸 Arkona-Zingst 站进行了目前全球持续时间最长的 O_3 浓度监测数据。目前全球已有上万个站点陆续从事地表 O_3 浓度持续监测工作。为有效控制 O_3 污染,世界各地的组织与机构也相继出台了一系列环境空气质量标准。

二、全球 O_3 浓度变化

根据 IPCC 第五次评估报告分析结果,工业革命之后全球工业化和城市化过程中化石燃料的过度燃烧是导致地表 O_3 浓度不断增加的主要因素。20 世纪中后期,北半球中纬度地区地表 O_3 浓度攀升尤为明显,已经达到 $30\sim35$ ppb,且仍在不断升高。地表 O_3 浓度在区域尺度上存在明显差异。长期观测数据表明,地表 O_3 浓度在加拿大东部和极地区域增加明显,但在加拿大中部和西部区域变化不显著。1950—2000 年 O_3 浓度长期观测结果表明,地表 O_3 平均浓度在欧洲增加了约 2 倍,但自 2000 年之后欧洲西部地表 O_3 浓度趋于平稳并出现降低趋势。东亚和南亚 O_3 污染问题近年来受到颇多关注。最新分析表明,亚洲 O_3 浓度升高的区域主要集中在中纬度地区,如 O_3 浓度年均值在俄罗斯、韩国和日本一些城市已达 $44\sim55$ ppb,但泰国多地 O_3 浓度年均值只有 20 ppb。

基于美国宇航局 2004 年以来的全球地表 O_3 浓度连续监测数据,研究发现高浓度地表 O_3 主要分布在北半球人口聚集的中低纬度地区,欧洲中南部、美国东部和亚洲东部 O_3 污染最为严重(图 3.6)。目前北半球地表 O_3 浓度年均值为 $35\sim40$ ppb,欧洲地表 O_3 浓度年均值约 30 ppb,亚洲及北美多数区域 O_3 浓度均值超过 40 ppb,一些 O_3 污染较严重的城市或地区地表 O_3 浓度年均值已高达 $50\sim60$ ppb。

地表 O_3 的生成过程与前体物 NO_x 和 VOCs 的光化学反应有紧密的关系,受温度、光照和太阳辐射等因素的影响。光化学反应在夏季白天最为强烈,因此,地表 O_3 浓度存在明显的日变化和季节变化特征,主要表现为白天光照强烈条件下呈单峰型分布。这是由于太阳辐射最大值一般出现在中午,O_3 浓度峰值位于午后 14:00—15:00。夜间由于较弱的光化学反应,地表 O_3 浓度一般较低。除地球辐射和温度之外,地表 O_3 浓度的季节变化主要是由前体物浓度的变化引起。长期监测数据表明,19 世纪初期 O_3 浓度季节性峰值一般出现在春季和冬季,夏、秋两季一般偏低。然而,20 世纪

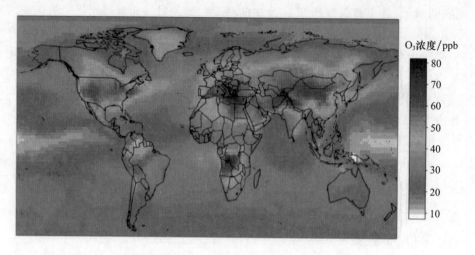

图 3.6 全球夏季地表 O_3 浓度空间分布情况(Zhou et al.，2018)

后期随着工业化和城市化大量 O_3 前体物的排放,地表 O_3 浓度季节性波动模式开始遵循季节性温度和太阳辐射的变化,即地表 O_3 浓度峰值主要出现在夏、秋两季,春冬季节浓度较低。然而,最新一些研究也表明,随着欧洲和美国西部减排措施的推进,多数站点地表 O_3 浓度峰值已从夏季提前到春季后期,个别站点甚至报道其峰值出现在冬季。

三、中国 O_3 浓度变化

与欧美等国相比,我国地表 O_3 浓度的观测研究起步较晚。20 世纪末期,"区域尺度 O_3 浓度监测项目"在中国瓦里关、龙凤山、临安、青岛及香港设立长期 O_3 监测站点,我国地表 O_3 浓度监测工作初步进入正轨。2012 年环境保护部(现生态环境部)将 O_3 列为环境空气质量常规监测项目,全国范围内的地表 O_3 浓度监测工作才正式开启。监测数据表明,20 世纪中前期中国地表 O_3 浓度明显低于欧美等发达国家,但是改革开放以来至 21 世纪初,O_3 前体物尤其 NO_x 排放量激增,导致我国大部分地区地表 O_3 浓度持续上升,且存在显著的时空分异特征。2020 年出版的《中国臭氧污染防治蓝皮书》表明,2013—2019 年间全国 74 个重点城市日最大 8 h 滑动平均值上升了 28.8%,其中京津冀、汾渭平原、珠三角、长三角和成渝地区是我国 O_3 污染最为严重的区域。当前,O_3 已成为继颗粒物 $PM_{2.5}$ 之后影响我国城市空气质量改善和达标管理的首要污染物。

我国不同地区的地理条件、气候条件、产业结构和人口密度等均存在较大差异,综合影响地表 O_3 的生成和传输,使地表 O_3 污染表现出明显的空间分布差异。总体来看,我国地表 O_3 浓度分布从北到南呈现明显上升梯度,O_3 污染较为严重地区主要集中在中东部地区,西部、东北地区污染程度较低。环境监测总站 2017—2020 年数据分析表明,当前我国地表 O_3 浓度年评价值高于 80 ppb 的区域主要集中在京津冀及周边地区、汾渭平原、苏皖鲁豫交界地区、长三角中部、珠三角地区和辽宁省中南部,西南及西北等低纬度地区的 O_3 浓度相对较低(图 3.7)。地表 O_3 浓度空间分布差异的原因主要是经济发展、社会人口及 O_3 前体物排放的不同。污染严重的区域一般经济相对发达、人口稠密,O_3 前体物排放量大。如华北平原和长三角地区是 O_3 污染较为严重区域,其 NO_x 和 VOCs 排放强度也较大。区域不同的气象条件也是 O_3 污染差异形成的原因之一。从机理来看,高温及强烈辐射会加剧 O_3 光化学反应,导致 O_3 污染加重。如京津冀和长三角地区 VOCs 和 NO_x 排放强度均较高且相差不大,且南方平均气温显著高于北方,但京津冀污染比长三角和珠三角地区相对更为严重。除人口密度和经济因素外,研究表明近 10 年京津冀地区太阳总辐射呈上升趋势可能是该地区 O_3 污染较长三角地区更为严重的原因。

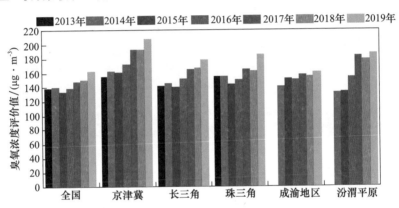

图 3.7　2013—2019 年全国城市群 O_3 浓度年际变化(张远航 等,2020)

我国地表 O_3 浓度也表现出显著的季节变化和日变化特征。根据 2014—2017 年中国地表 O_3 浓度变化监测结果(图 3.8),我国地表 O_3 浓度季节变化主要呈现“钟型”单峰分布,污染最为严重的季节主要为夏季(5—7 月),春秋季次之(2—4 月和 8—10月),进入冬季(11 月—次年 1 月)后 O_3 浓度迅速下降,污染最轻。由于地理环境等因素影响,不同区域 O_3 浓度月变化稍有不同。一般来说,O_3 最高浓度出现的时间自南向北逐渐后延,华南地区最高浓度一般出现在 5 月,华东和四川盆地最高值则出现在 6 月,华北地区地表 O_3 最高值则出现在 7 月,而珠三角地区秋季 O_3 污染多发,O_3 浓度峰值多出现在 4 月。我国地表 O_3 浓度日变化规律基本遵循最高值出现在午后、多数出现在 15:00—16:00、早晨和夜晚低的“单峰”分布。然而,由于我国地理区位跨度较大,不同地区、不同季节地表 O_3 浓度日变化极值出现的时间出现偏移情况,如成渝地区城市群峰值出现在 16:00—17:00,而西部城市乌鲁木齐等地的地表 O_3 浓度峰值时间可以推迟到 17:00 以后。

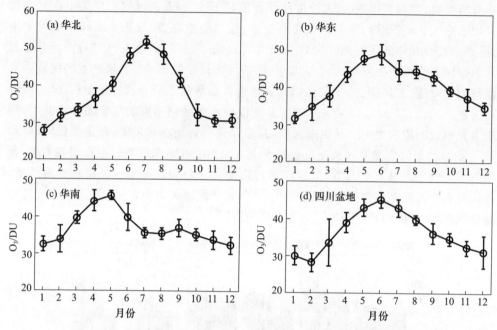

图 3.8　2014—2017 年中国不同区域 O_3 浓度月变化(张倩倩 等,2019)

第三节　氮沉降增加

活性氮是植物在进行光合作用过程中所必需的重要元素,大部分由土壤中凋落物和有机质分解所提供,也可由闪电、火山喷发等造成的高温高压物理环境催化生成。进入生态系统的氮主要来自 3 个方面:生物固氮、氮的矿化和大气氮沉降。大气氮沉降是指含氮化合物从大气中移除并降落到地表的过程,是全球氮素生物地球化学循环的一个重要部分。

一、大气氮沉降

工业和城市发展以及运输和能源生产中化石燃料燃烧、氮肥施用、畜禽养殖等人为活动,致使活性氮的排放量增加。大气中的活性氮通过还原 NH_x 和氧化 NO_x 物质的干/湿途径返回到地球表面,以营养源和酸源的形式进入陆地和水生生态系统,改变了氮素的自然循环。其中,大气氮干沉降通过降尘的方式,而大气氮湿沉降则通过降雨的方式使氮返回到陆地和水体,对自然和人为生态系统具有深远的影响。

生态系统氮循环研究早在 19 世纪中叶就开始了,1853 年开展包括氮素在内的雨水化学成分研究。19 世纪后期,洛桑试验站率先开展了关于大气氮沉降的研究。20 世纪 70 年代以后针对大气氮沉降的系统化、网络化的研究初见端倪。1980 年美国国会通过《酸沉降法案》,确立了一个 10 年研究计划——"国家酸雨评估规划"(NAPAP),旨在遏制 NO_x 高排放。该计划的实施推动了其后一系列氮沉降监测网络的发展。目前,人类活动产生的氮来源与氮沉降已经扩展到全球范围。根据物质组成的差异大气氮沉降可分为无机氮沉降(氧化态氮-NH_x 和还原态氮-NO_x 两类)和有机氮沉降两种类型。虽然在全球范围内不乏有对大气有机氮沉降的研究,但目前绝大多数研究仍多集中于无机氮沉降上。

二、全球大气氮沉降变化

在大规模人类干扰之前,每年全球生物固氮对自然陆地生态系统活性氮的贡献在 $100 \sim 290$ Tg N·a^{-1},自然界中闪电产生的活性氮约为 5.4 Tg N·a^{-1}。自工业革命后,从全球尺度来看,大气活性氮排放开始逐步攀升,近 50 年来更是呈现出加速增长的态势(图 3.9)。在 20 世纪 70 年代全球大气氮沉降均值为 0.24 g N·m^{-2}·a^{-1},经过 40 年的增长,至 21 世纪初的前 10 年,全球大气氮沉降水平达到了 0.34 g N·m^{-2}·a^{-1},增加了 38.4%。在 20 世纪 90 年代初期,人为活动产生的活性氮为 156 Tg N·a^{-1},比 1860 年增加了 10 倍,而全球人口仅增加了 4.5 倍。其中食品生产占 77%,能源生产占 16%,工业用途生产占 9%。在 1995—2005 年的 10 年间,全球活性氮排放量便从 156 Tg 增加到 187 Tg,预计到 2050 年将超过 200 Tg。

大气氮沉降存在很大的空间变异性。在 1970—1990 年期间,亚洲的部分地区是世界上氮沉降增加最快的区域,其中中国和印度的平均增长率都超过了 100%,东南亚的平均增率也达到了 80% 以上,美国和日本的氮沉降平均增加幅度不大。21 世纪初,基于诸多化学传输模型对全球大气氮沉降模拟显示,西欧地区、南亚地区和东亚地区是全球三大总氮沉降的"热点"区域。欧洲森林氮沉降普偏高,西欧最严重的氮沉降发生在农业集约化程度高、人口密度大的地区,如丹麦、荷兰、英国的南部和中部地区。此外,美国东部、加拿大东南部地区,大气氮沉降量也处于较高水平。然而,欧洲氮沉降监测网络的长期观测表明,欧洲地区大气氮沉降近 20 年来呈明显减少趋势,许多监测点的 NO_x 排放减少了 20%~50%。美国国家大气氮沉降计划等监测结果也显示,全美大气氮湿沉降量近年来已呈基本平稳的态势。这一方面是由于清洁能源技术的推广和环境保护政策实施,另一方面是由于近几十年来,发达国家产业结构的调整,将劳动密集型以及资源密集型的产业向第三世界国家转移有关。欧美国家 NO_x 排放量经过多年削减后已恢复到 19 至 20 世纪之初的排放水平。

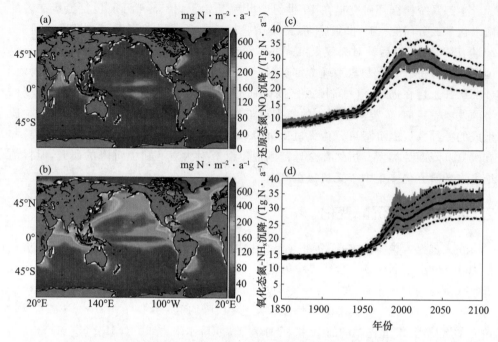

图 3.9　工业革命前(a)和 2000 年(b)大气氮沉降时空分布；1850—2100 年
海洋大气还原态氮(NO$_x$)(c)和氧化态氮(NH$_x$)(d)的变化模拟(Yang et al.，2016)

三、中国大气氮沉降变化

　　中国的氮沉降研究始于 20 世纪 70 年代末，发展相对滞后，但带有鲜明的特色。
进入 80 年代末期，以酸雨为代表的环境问题凸显出雨水化学研究的重要性。针对局
部地区，特定时期大气含氮化合物的定量研究增多，但尚缺乏对全国大气氮沉降全
面而系统的研究。90 年代末，国家环保部、中国气象局开始独立运作各自逾 300 个
沉降监测网络，前者网点集中分布在城市周边地区，后者则零星散布于农村或背景
值地区。自 2004 年起，中国农业大学组织建立了涵盖 40 个监测点，囊括农田、草原、
森林、城市等生态系统的全国性氮沉降监测网络。

　　随着经济的快速发展和大量氮肥使用，我国已成为全球第一大活性氮排放国。
其中，NH$_3$ 的排放量从 1980 年的 5.0 Tg N·a^{-1}跃升到 2010 年的 17.2 Tg N·a^{-1}，
远高于同期欧盟和美国年排放量总和(6.3 Tg N·a^{-1})。其中作物种植、畜禽养殖等农
业排放源贡献了 NH$_3$ 总排放量的 90%以上。相似地，以化石燃料燃烧为主要来源的
NO$_x$(1980—2015 年平均贡献率为 83%)随经济的蓬勃发展也经历了爆发式增长。
1980 年我国 NO$_x$排放量为 1.8 Tg N·a^{-1}，到 2000 年已增加至 5.1 Tg N·a^{-1}，2010 年
排放量近乎达到 9.0 Tg N·a^{-1}。过去 50 年，我国沉降速率增加了近 8 倍，平均为

$0.81\,g\,N\cdot m^{-2}\cdot a^{-1}$,其变化可分为 5 个年代(图 3.10)。从 20 世纪 60 年代到 70 年代,氮沉降速率变化不大;到 80 年代,大气氮沉降速率开始显著增加,是 60 年代的 1.93 倍;20 世纪 90 年代和 21 世纪初的大气氮沉降速率急剧增加,分别是 60 年代的 3.43 倍和 5.50 倍。现今,我国大气氮沉降总体上仍呈增加趋势。

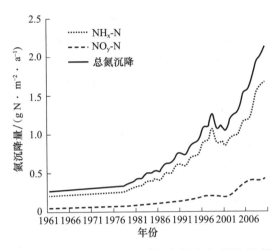

图 3.10　1961—2010 年中国氮沉降的年际变化(顾峰雪 等,2016)

我国不同区域氮沉降水平差异很大。在 1961—2010 年期间,从湿沉降的分布格局来看,华北、华中、西南和东北一些区域的湿沉降量最高,超过了 $2.0\,g\,N\cdot m^{-2}\cdot a^{-1}$。20 世纪 90 年代和 21 世纪初,我国的氮素湿沉降速率呈现出由南向北、由东向西梯度递减的分布格局,湖南、湖北等省是氮沉降最多的地区。21 世纪初我国各省(区、市)的湿沉降量都有所增加,华北成为氮沉降集中区。从氮素的干沉降空间分布格局来看,我国华北、华中、华南和东北三省的干沉降量一般大于 $0.5\,g\,N\cdot m^{-2}\cdot a^{-1}$,广西、云南和四川等省(区)的干沉降量在 $0.2\sim0.4\,g\,N\cdot m^{-2}\cdot a^{-1}$,西北、西藏和内蒙古地区的干沉降在 $0\sim0.2\,g\,N\cdot m^{-2}\cdot a^{-1}$。在 2010—2014 年期间,由于华北平原大规模集约化的农业生产和畜禽养殖,氮沉降尤为突出。我国东南地区、西南地区的氮沉降量仅次于华北地区,而东北、西北地区的氮沉降较少,青藏高原氮沉降量最少。此外,氮沉降的空间分布受人类活动的影响,中东部和沿海等经济较发达地区的沉降量高于内陆地区,内陆地区又高于青藏高原、西南和西北等人类活动较弱的地区。此外,也有研究表明,氮沉降与降水、能源消费和施肥有较密切的关系,三者能够解释 79% 的氮沉降空间分布差异。同时,氮沉降浓度随着距城市的距离增加而呈指数下降。由于城市中高密度的交通路网和发电厂等 NO_x 排放源,成规模的城市污水和垃圾处理厂等非农业 NH_3 排放源,城市区域活性氮浓度高于农村区域。

第四节　全球温度变化

近 100 年来,全球平均气温经历了冷—暖—冷—暖两次波动,总体呈上升趋势。普遍认为人类燃烧化石矿物或砍伐和燃烧森林时产生的大量 CO_2 和其他温室气体是气温上升的主要原因。全球变暖将导致全球降水重新分配、冰川和多年冻土融化、海平面上升,不仅危及自然生态系统的平衡,而且威胁人类的食物供应和生存环境。IPCC 根据气候模型预测,到 2100 年全球气温将上升 1.4～5.8 ℃。根据这一预测,全球气温将发生前所未有的巨大变化。目前,全球已有 54 个国家的碳排放实现达峰,包括美国、俄罗斯等排名前十五位的碳排放国家。为遏制全球变暖趋势、减缓温室效应,我国、新加坡、墨西哥等国承诺在 2030 年以前实现碳达峰。

一、古气候全球温度变化

由于古气候温度没有气象观测数据记载,现代人们研究古气候温度主要通过模式预测。整个地质时代,地球经历了大约三次大的“冰期”,分别是:震旦纪大冰期,距今大约 7 亿年;石炭二叠纪大冰期,即晚古生代大冰期,距今 3.5 亿至 2.7 亿年;第四纪大冰期,开始于距今 200 万至 300 万年,普遍认为,结束于 1 万至 2 万年前。间冰期是指两次冰川活动期之间比较温暖的气候,全球盛冰期和间冰期温差为 4～6 ℃。距今一万多年开始,全球气温逐渐上升,冰川覆盖面积减小,海平面随之上升,地球气候又进入相对温暖的时期。

Marcott 等(2013)根据全球观测站数据重建了过去 11300 年的区域和全球温度(图 3.11)。总体而言,与 1961—1990 年全球平均温度相比,全新世早期(距今 10000—5000 年)比较温暖,全新世中期至晚期(距今 5000 年)大约比早期冷 0.7 ℃。距今 11000—5000 年期间低纬度地区的气温略有上升(约 0.4 ℃),此后温度趋于稳定。距今 5500—100 年期间,北半球温带地区,尤其是北大西洋地区,对全球从暖期到冷期的变化贡献最大,这一地区的温度下降了约 2 ℃。全球温度在大约 200 万年前的小冰河期达到全新世最低,这种冷却主要与北大西洋海表温度变化有关。此外,重建的区域温度变化趋势与降水变化趋势表现出很强的相关性,温度升高始终伴随着湿度升高。例如,温带北半球中高纬度温度与亚洲季风强度记录以及大西洋热带辐合带的位置密切相关。基于过去 1500 年的模式数据温度重建表明,过去几十年的变暖相对于之前气候变化而言是不寻常的,但相对于整个全新世间冰期(过去 11500 年)的变化而言,最近的变暖是否反常尚待确定。

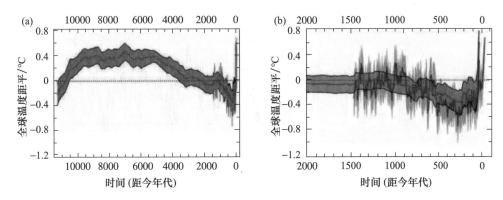

图 3.11　与 1961—1990 年全球平均温度相比较的古气候温度距平重建（Marcott et al.，2013）
（紫色线代表 5°×5° 区域加权平均计算的全球叠加温度异常；蓝色带表示其不确定性）

二、近千年全球温度变化

新暖季温度重建表明，过去 2000 年有冷却趋势，但 20 世纪并没有上升趋势，最暖的间隔集中在 100 年和 600 年。总体而言，公元 1 世纪欧洲夏季气候温暖，4 世纪至 7 世纪气候凉爽。持续温暖的气候条件也发生在 8 到 11 世纪，并于公元 10 世纪整个欧洲气温达到顶峰。15 世纪中期和 19 世纪初是夏季寒冷的显著时期。也有证据表明，虽然公元 1 世纪的气温与近期气温都趋于温暖，但从欧洲阿尔卑斯地区树木年轮重建推测的温度变化趋势表现出不确定性，因此，两个温暖期之间的比较受到限制。北极温度重建表明，前几个世纪的温度与 20 世纪相当，甚至更高。喜马拉雅山脉西部、青藏高原、天山山脉和亚洲西部高原的树木年轮重建也证明了公元 10 至 15 世纪的温暖环境，随后维持低温直到 20 世纪气候开始变暖。

千年全球温度变化中存在中世纪暖期、小冰期和全球增温期（1850 年以来的时段）。剔除这三个时期的基本气候态后，全球温度仍然存在准 21 年、准 65 年、准 115 年和准 200 年的周期变化（图 3.12）。准 21 年的温度周期变化形成了 10 年暖期和 10 年冷期的交替。这 4 个温度变化的自然周期中，准 65 年的周期与海温变化有关，但是全球平均温度的变化落后于海温变化，表明对世纪尺度温度变化及其可能的原因解释需要几百年甚至千年的资料数据。在近 200 年的时间尺度上，太阳辐射位相也是超前于温度变化位相。这反映了全球温度在百年尺度上的变化受到了太阳辐射变化的影响，即全球气候对太阳辐射的响应存在滞后。此外，对全球气候变化的影响而言，太阳辐射首先作用于海温，再影响到全球温度变化。

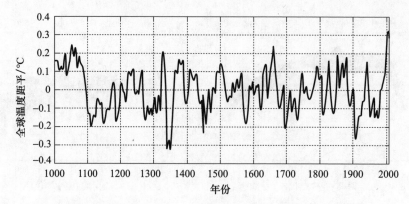

图 3.12　公元 1000—2008 年全球平均温度（钱维宏 等，2010）
（该温度变化剔除了中世纪暖期和小冰期气温平均值以及全球增温期的趋势）

　　早在 20 世纪 70 年代，竺可桢先生就曾对中国 5000 年来的气候做过研究，将 5000 年的中国气候变迁大致分为 4 个阶段：考古时期（公元前 3000—1000 年）、物候时期（公元前 1000—公元 1400 年）、方志时期（公元 1400—1900 年）、仪器观测时期（公元 1900 年至今），研究发现中国近 5000 年来有 4 次温暖期和 4 次寒冷期交替出现，平均周期为 1250 年。国外科学家通过研究格陵兰岛冰芯的含氧量推测全球气温变化，所得到的格陵兰岛曲线与竺可桢曲线一致（图 3.13）。以树轮年表资料为基础并结合东部的历史文献资料、对中国过去 1000 年的地表温度进行重建的结果表明，我国过去 1000 年可能存在中世纪暖期与小冰期，其中东部地区中世纪暖期的体现要比西部地区明显。温暖阶段主要发生在 11 世纪与 13 世纪，而公元 12 世纪相对寒冷。

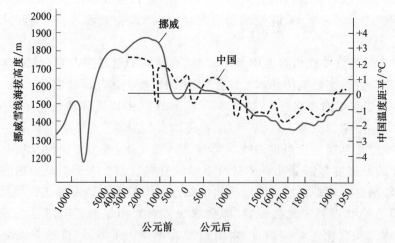

图 3.13　万年来挪威雪线高度（实线）和近 5000 年来中国温度（虚线）变迁图（竺可桢，1973）

三、当代全球温度变化

在过去一个世纪中,全球温度上升0.8 ℃,而从19世纪末(最早可以准确定义全球平均温度的时间)到2000年,全球增温幅度已达到0.7 ℃。研究表明,近一个多世纪以来,全球地表温度上升幅度大于全球陆地-海洋增温幅度(图3.14)。美国戈达德空间研究所在2005年记录并分析了一个多世纪以来全球地表温度变化,随后James等使用陆地数据程序、SST卫星测量数据等对戈达德空间研究所数据进行总结分析,重建了1880年以来全球气温上升趋势,发现目前的温度大约与全新世峰值时一样高,与过去一百万年的最高温度相差不到1 ℃。在过去一个世纪,西赤道太平洋的变暖幅度比东赤道太平洋更大,这种温度梯度可能加剧了气候异常现象(厄尔尼诺现象)。在过去30年,全球温度每十年增加0.2 ℃,与20世纪80年代初全球气候模式根据温室气体变化模拟的增温速率相似。2001—2005年的全球温度构建结果表明,最大的变暖发生在偏远地区,北半球高纬度地区变暖幅度最大。海洋区域远离人类的直接影响,变暖程度比陆地低,其变暖主要是由于海洋巨大的热惯性导致强迫性气候变化的结果。从偏远地区钻孔温度剖面推断的地表温度变化、阿尔卑斯冰川的消退速度以及河流和湖泊冰的逐渐提前分解中,可以看出全球变暖是一种真实的气候变化,而不是城市地区测量的人为因素所致。

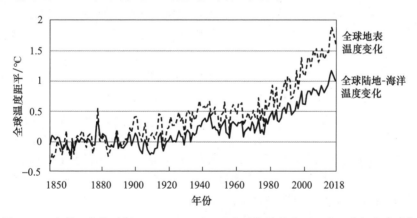

图3.14　自前工业化时期(1850—1900年)以来平均陆地表面温度上升与全球平均地表(陆地和海洋)温度上升(IPCC,2019)

全球温度上升幅度与CO_2累计排放量之间显著相关。IPCC报告指出,人类活动每排放1万亿tCO_2,全球地表平均温度将上升0.27~0.63 ℃。在不同排放情境下,到21世纪末全球地表温度都将继续上升。具体而言,在最低温室气体排放情景下,21世纪末全球平均气温与1850—1900年间的水平相比,非常有可能升高1~1.8 ℃(最佳估算1.4 ℃)。其他排放情景下,全球平均气温预计将在21世纪中叶突破 1.5 ℃,并持续升高,最高升温幅度可能达到 5.7 ℃(图 3.15)。除非在未来几十年里采取深度减排措施,否则全球 1.5 ℃温控目标乃至 2 ℃目标将无法实现。

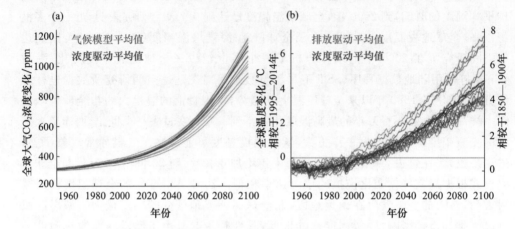

图 3.15　不同 CO_2 排放情景下 1960—2100 年全球 p_{CO_2} (a)和全球温度(b)变化模拟和预测(IPCC,2021)

中国近百年温度整体上升趋势非常明显,温度变化可达每十年 0.22 ℃。从 1951 年开始平均气温上升了约 1.1 ℃。增温主要从 20 世纪 80 年代开始,且有加快趋势。1997 年中国气温上升了 0.79 ℃,平均增温速率约为每十年 0.08 ℃,这一变化略高于全球平均增温幅度,也普遍高于国内学者的估计值。过去 50 年的明显增暖主要发生在 20 世纪 20—40 年代和 80 年代中期以后两个时段,90 年代和 40 年代分别比平均值高 0.37 ℃和 0.36 ℃。1998 年是最暖的 1 年,相对 1971—2000 年平均值高出 1.13 ℃,第二个最暖年发生在 1946 年。两个明显的偏凉时期是 20 世纪 10—20 年代和 50—60 年代,早期的偏凉程度尤其突出。综合不同资料和方法得出的结果,目前大体可以认为,中国近百年增温幅度为 0.5~0.8℃,增温速率平均为每十年 0.05~0.08 ℃。气候变暖后,中国的极端天气和气候事件的发生频率和强度也出现了变化。

第五节　降水变化

降水是水循环过程的基本环节,同时作为地-气系统之间物质和能量交换的媒介,也是全球能量循环的重要组成部分。降水受地理位置、大气环流、天气系统条件等因素综合影响,存在显著的时空分异规律。降水格局变化不仅改变区域水循环过程,也会影响生态系统服务功能,已成为全球变化主要驱动因子之一。

一、古气候和近千年降水变化

在漫长的地质历史时期,地球经历了多次大幅度的气候变化,如白垩纪中期高温期和晚更新世末次冰盛期,这些气候变化为未来气候演变的模拟和预测提供了参考信息。在古气候学中,气候突变是一个重要的发现,其特征是温度、降水模式和海洋环流发生显著变化。在距今约 56 Ma[①] 前后,由温室气体的迅速释放所引发的古新世-始新世极热事件(PETM)就是古气候记录中最显著的气候突变之一,对这一事例的研究可以为当前全球变暖模式下降水的时空变化提供参考。此外,通过植物化石的相关参数可以开发模型重建古气候时期的降水模式,比如叶像分析、气候叶片多元分析、比较古生物和现代生物气候敏感性等。以上古气候降水参数分析表明,在 PETM 时期,高纬度和沿海区域的降水是增加或者保持不变的,但内陆和美国大盆地的降水是减少的。同时,北半球中纬度的降水变化对干旱半干旱地区的气候、环境变迁有着重要的影响。基于北半球中纬度地区各降水资料集合发现,在全新世(约 11700 年前)以来该地区降水呈显著增强的趋势,这可能是由于全新世以来北半球经向温度梯度逐渐加强,从而增强了西风强度。据此可推测,在未来温室气体增暖情景下,极地增暖放大效应可能会减弱西风,从而降低中纬度地区的降水。

对过去 1000 年的全球降水和温度变化进行模拟的结果表明,二者存在显著的相关性(图 3.16)。然而,虽然 20 世纪末的温度高于中世纪暖期(约公元 1000—1250 年),但是降水却减少了。据推测,这是由于与太阳辐射导致的增温相比,20 世纪以来温室气体导致的增温对降水的影响比较小。除了植物化石叶向分析,大量的古气候档案类型也可作为全球气候变化和极端事件的模拟指标,比如树木年轮、冰核、陆地和海洋钻孔、洞穴堆积物等。根据北太平洋冰核记录分析结果,距今 1200 年以来的降水时空变化与全球降水变化呈现一致性,距今 810—1400 年期间降水低于当前

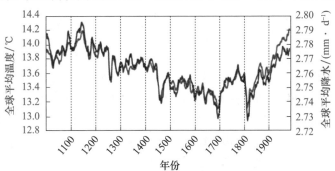

图 3.16　近 1000 年全球平均温度和平均降水变化(Liu et al.,2013)

---

① 　Ma 是指百万年

的降水水平;距今 1600—2000 年期间北太平洋、西太平洋和印度洋各地区的降水都呈上升趋势,并且自 1840 年以来降水量增加了一倍。总体上降水的增加与西热带太平洋和印度洋海表温度的增加是同步的,但是 20 世纪部分地区的增温可能并不能完全解释观测到的降水量的显著变化。

对大尺度极端降水的分析受降水数据缺失的影响,也主要依赖于古气候模型的重建。利用基于树木年轮的模型对美国近 500 年的气候重建发现,在美国西部极端降水在总降水中占很大比例,并且主要集中在夏冬季节。此外,干-湿之间的交替变化可反映某个地区在某个时间段内极端气候发生的频率。在对加利福尼亚 1570—2000 年间的降水重建发现,这 450 年间降水变化一直呈现干湿交替的趋势,尤其是在 1892—1957 年,并且这些变化表现为随机模式,不受近代人类活动的影响,而赤道太平洋海表温度等因素对其有显著影响。东亚是世界上季风气候最显著的区域之一,其降水与温度的变化基本相同,存在准 100 年、准 150 年和准 200 年周期,在不同周期以及不同温度带其主要影响因素不同,包括太阳辐射、火山活动和气候系统内部变率等。这些大尺度气候重建可以为未来百年的气候预测提供参考依据。

二、近百年降水变化与极端降水

自 20 世纪 90 年代中后期开始,相继出现了许多全球陆地及海洋的降水量资料库,使客观地研究近百年来全球降水的时空变化成为可能。来自全球降水气候计划(GPCP)的观测数据是目前卫星时代全球覆盖的最大降水数据库,通过 GPCP 的分析发现全球(陆地和海洋)的降水变化趋势可忽略。虽然 1987—2006 年呈现上升的趋势,总体而言过去 30 年全球实际降水变化比全球热力学模型拟合的理论温度-降水响应更为平缓。这种差异可能是温室气体浓度上升造成的:在温度上升之前,温室气体已经抑制了地表降水,表明近代降水的变化可能是由温室气体导致的全球升温和年代际变化共同影响的。此外,NOAA 建立的融合分析降水资料库(CMAP)合并了不同来源的数据,涵盖范围较广,数据记录起始时间为 1979 年。基于各数据库以及降水再分析数据库,对 1901—2010 年的长期降水变化重建表明(图 3.17),全球陆地高纬度地区的降水增加,热带和亚热带降水减少,这些相同的时空变化趋势也出现在非洲大陆、北美东部、南美洲东南部以及澳大利亚西北部等地区;全球海洋的降水时空变化主要体现在赤道太平洋和热带印度洋降水显著增加。此外,也有研究发现区域性的长期地表温度和降水变化显著受气溶胶影响。

对 1948—2000 年的全球陆地年降水量变化趋势的研究表明,这期间全球 2/3 左右的陆地年降水量呈现下降趋势,1/3 左右的年降水量呈现上升趋势,并且全球变暖和年代际变化是重要原因。此外,北半球和南半球的降水变化也呈现时空差异。在

1850—1980 年,北半球亚热带降水呈现下降趋势,而中高维度呈现上升趋势。北半球降水作为一个整体,有较大的年代际变化,而趋势变化不大。南半球与北半球相反,其低纬度和中高维度的降水变化趋势较为一致。在 1951—1980 年,总体而言,全球及北半球的降水有所减少,全球约减少 0.4 mm·a^{-1},北半球减少 1.3 mm·a^{-1},南半球的降水量略有增加但不显著。有研究者认为,"可以不夸大地说,我们现在还不知道地球在未来是变干还是变湿"。

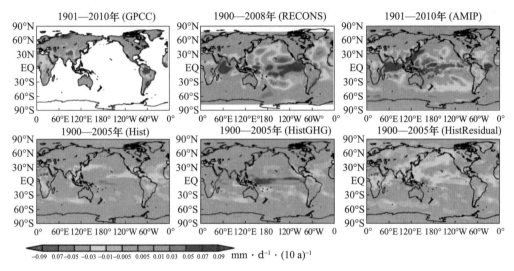

图 3.17　基于不同降水数据库资料和再分析数据库资料的 1901—2010 年全球
陆地降水变化时空格局(Gu et al.,2015)

　　20 世纪以来,在全球变暖的背景下,水循环加快,全球和区域极端降水普遍呈现增多、增强趋势,尤其是在中高纬度地区。IPCC 评估报告指出,1950 年以来全球极端降水具有区域性和次区域性特征,甚至在平均降水减少的地区,极端降水也在增多,而且干旱地区极端降水的增长趋势要大于湿润地区。在大洲尺度上,除非洲和南极洲外,1981—2010 年亚洲、欧洲、北美洲、南极洲和大洋洲的暴雨雨量和暴雨雨日均增加;在区域尺度上,1981—2010 年 21 个陆地分区中暴雨雨量和暴雨雨日分别有 16 个和 15 个区域呈现增加趋势。此外,相邻两次超过日均最大降水的重现期越来越短,表明相同一段时间内极端降水事件的发生频次增多。全球气候模式结果表明,人为强迫是全球极端降水增强的主要强迫因素之一,且温带地区趋势较为一致,热带地区变异性强。

三、中国降水变化的时空格局

　　全球气候模式在区域性降水的模拟上存在较大的偏差,尤其是对中小尺度降水变化模拟结果差异更大。中国地区地形复杂,面积广阔,又受到青藏高原复杂地形作用以及季风气候的影响,因此,对其降水的模拟更加复杂。自 20 世纪 80 年代以来,我国西北干旱区呈暖湿化趋势,东南和华南地区降水量呈增加趋势,而华北地区、东北地区及西南地区的降水量呈递减趋势。同时,大部分地区的降水日数呈下降趋势。全国的日降水的季节性变化差异显著:冬春季节降水量增加,夏秋季节降水量减少。对 1961—2016 年期间全国 763 个观测台站降水观测数据表明(表 3.1),日降水量变化的流域差异显著。东南地区(包括长江流域的中下游、东南诸河流域及珠江流域的东部地区)和西北地区(内陆河流域)的日降水量呈增加趋势,从西南地区到东北地区的日降水量呈递减趋势。白昼降水和夜间降水的空间变化特征与日降水的空间变化特征一致。此外,中国不同流域总降水量的变化与昼夜降水量密切相关:淮河流域降水量减少是由于白昼降水量减少(-0.72 mm·a^{-1}),黄河流域降水量减少则是由夜间降水量减少(-0.21 mm·a^{-1})所致。

表 3.1　1961—2016 年九大流域白昼和夜间降水量变化结果(邓海军 等,2020)

流域名称	白昼降水量趋势/(mm·a^{-1})	白昼降水量趋势标准差	夜间降水量趋势/(mm·a^{-1})	夜间降水量趋势标准差	流域内站点个数
内陆河流域	0.39	0.39	0.30	0.36	109
海河流域	−0.41	0.74	−0.32	0.63	37
淮河流域	−0.72	0.98	0.14	1.03	46
珠江流域	0.86	1.92	0.20	1.57	73
松花江-辽河流域	0.01	0.52	−0.15	0.58	110
东南诸河流域	2.40	0.88	2.06	1.05	36
西南诸河流域	0.28	0.89	−0.15	0.78	34
长江流域	−0.004	1.24	0.07	1.37	212
黄河流域	−0.09	0.53	−0.21	0.53	85

　　华南地区受东亚季风与南亚季风共同影响,全年日降水强度增大,冬季降水较其他季节少,但降水变率较大。广东地区地处华南沿海,1960—2016 年期间广东冬季降水自南向北递增,近 57 年降水总量呈不显著的增加趋势,而降水强度显著增加,降水日数减少,并且广东冬季降水与太平洋海表温度异常存在密切关联。此外,城市化对降水也有重要影响,在全球不同地区的大量研究表明城市化可以显著增加降水,尤其是在夏季。利用中国 1980—2019 年逐小时降水气象观测资料分析发现,在城市快速发展期(2000—2019 年),全国七个城市群(京津冀、长三角、珠三角、成渝、长江中游、中原、关中平原)的降水过程次数呈增多趋势,尤其是在 2010 年之后明显

增加;冬季降水过程次数呈现从无到有、从少到多的变化趋势;极端、特强和强降水过程累计次数呈增加趋势。城市化进程对降水趋势的改变可能是由于全球气候变暖的影响加剧,大气环流形势调整,使降水更易发生,也使极端事件发生的频度和强度增加。

中国是全球气候变化的敏感区域之一,在持续增暖的背景下,极端降水对增温的响应比平均降水更强。1961—2016 年期间全国极端降水量及发生频次均呈增加趋势(图 3.18)。针对我国不同区域极端降水的研究表明,从全国范围来看,降水总量的增加主要是由极端降水量的增加引起的,并主导着总降水的变化趋势。中国不同地区的极端降水事件的区域特征及变化幅度增减各不相同,多数结论认为,我国存在 3 个极端降水事件趋势分布较为一致的区域:东南正趋势区、西北正趋势区和华北负趋势区。基于中国 693 个地面观测站 1961—2016 年的逐日降水资料的全国和各区极端降水事件的时空分布研究表明,近 56 年,极端降水量和极端降水日数呈增加趋势的站点占全国站点总数的 60% 左右,主要集中在华东、西北、华北、华南和青藏地区,其中华东地区是全国极端降水量增长幅度最大的地区,增速达 18.2 mm・(10 a)$^{-1}$,西北地区的极端降水日数增长最快,每 10 d 增加 0.37 d。通过 CMIP6 全球气候模式对未来时期中国极端事件变化的研究表明,21 世纪末中国极端降水、地表径流事件的量级可能增长 20%~30%。

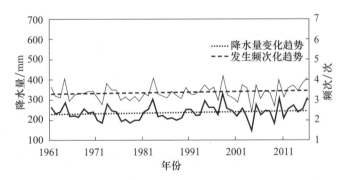

图 3.18　全国连续性极端降水量及发生频次逐年变化(卢珊 等,2020)

复习思考题

1. 全球变化主要的驱动因子有哪几类? 它们对温室效应有哪些影响? 举例说明。

2. 重建古气候大气 CO_2 浓度和温度的变化趋势有哪些方法? 举例说明。

3. 全球和中国的 O_3 浓度日变化和季节变化特征有何区别？

4. 全球温度变化如何影响大气 CO_2 浓度和降水变化？

5. 中国近百年降水的空间分布有哪些特征？举例说明。

6. 请简要叙述国际碳排放权和国际气候谈判之争背后的争论焦点是什么？我们又应该如何坚持底线思维？

参考文献

邓海军,郭斌,曹永强,等,2020.1961—2016 年中国昼夜降水变化的时空格局[J]. 地理学报, 39(10):2415-2426.

冯兆忠,李品,袁相洋,2021. 中国地表臭氧污染及其生态环境效应[M]. 北京:高等教育出版社.

顾峰雪,黄玫,张远东,等,2016.1961—2010 年中国区域氮沉降时空格局模拟研究[J]. 生态学报,36(12):3591-3600.

刘植,黄少鹏,2015. 不同时间尺度下的大气 CO_2 浓度与气候变化[J]. 第四纪研究,35(6): 1458-1470.

卢珊,胡泽勇,王百朋,等,2020. 近 56 年中国极端降水事件的时空变化格局[J]. 高原气象,39 (4):683-693.

钱维宏,陆波,2010. 千年全球气温中的周期性变化及其成因[J]. 科学通报,55(32):3116-3121.

张倩倩,张兴赢,2019. 基于卫星和地面观测的 2013 年以来我国臭氧时空分布及变化特征[J]. 环境科学,40(3):1132-1142.

张远航,等,2020. 中国大气臭氧污染防治蓝皮书(2020 年)[R]. 中国环境科学学会臭氧污染控制专业委员会.

竺可桢,1973. 中国近五千年来气候变迁的初步研究[J]. 中国科学,(2):168-189.

EKART D D, CERLING T E, MONTAñez I P, et al,1999. A 400 million year carbon isotope record of pedogenic carbonate: implications for paleoatmospheric carbon dioxide[J]. American Journal of Science,299(10):805-827.

GU G, ADLER R F,2015. Spatial patterns of global precipitation change and variability during 1901—2010[J]. J Clim,28(11):4431-4453.

IPCC,2019. "Summary for Policymakers" in Climate Change and Land: An IPCC Special Report on Climate Change, Desertification, Land Degradation, Sustainable Land Management, Food Security, and Greenhouse Gas Fluxes in Terrestrial Ecosystems[R]. Cambridge:Cambridge University Press.

IPCC,2021. Future Global Climate: Scenario-based Projections and Near-term Information[R]. Cambridge:Cambridge University Press.

LIU J, WANG B, CANE M A, et al,2013. Divergent global precipitation changes induced by natural versus anthropogenic forcing[J]. Nature, 493(7434):656-659.

LüTHI D, FLOCH M L, Bereiter B, et al, 2008. High-resolution carbon dioxide concentration record 650000~800000 years before present[J]. Nature, 453(7193): 379-382.

MARCOTT S A, SHAKUN J D, CLARK PU, et al, 2013. A reconstruction of regional and global temperature for the past 11300 years[J]. Science, 339(6124): 1198-1201.

NOAA National Centers for Environmental Information, 2009. Global climate change impacts in the United States 2009 Report[R]. Available from: https://nca2009. globalchange. gov/global-temperature-and-carbon-dioxide/index. html.

PEARSON P N, PALMER M R, 2000. Atmospheric carbon dioxide concentrations over the past 60 million years[J]. Nature 406: 695-699.

ROTHMAN D H, 2002. Atmospheric carbon dioxide levels for the last 500 million years[J]. PNAS, 99(7): 4167-4171.

VAN DYKE M N, LEVINE J M, KRAFT N J B, 2022. Small rainfall changes drive substantial changes in plant coexistence[J]. Nature, 611: 507-511.

YANG S, GRUBER N, 2016. The anthropogenic perturbation of the marine nitrogen cycle by atmospheric deposition: nitrogen cycle feedbacks and the ^{15}N Haber-Bosch effect[J]. Global Biogeochemical Cycles, 30(10): 1418-1440.

ZHOU SHAN S, TAI A P K, SUN SHIHAN, et al, 2018. Coupling between surface ozone and leaf area index in a chemical transport model: strength of feedback and implications for ozone air quality and vegetation health[J]. Atmospheric Chemistry and Physics, 18 (19): 14133-14148.

第四章　大气 CO_2 浓度升高的生态效应

由人类活动导致的大气 CO_2 浓度升高是威胁陆地生态系统可持续性的重要全球变化因子之一。据估计，当前大气 CO_2 浓度高于近 200 万年以来的任何历史时期。许多陆地生态系统生理生态过程均会响应大气 CO_2 浓度的升高，其中以植物光合固碳、植物蒸腾作用、土壤微生物活动和有机质分解等过程受到的关注最多。这些生理生态过程的变化将进一步改变陆地生态系统的物质循环和生物群落组成，对陆地生态系统服务功能造成影响。了解大气 CO_2 浓度升高对主要陆地生态系统生理生态过程、物质循环以及生态系统的影响，有助于准确预测陆地生态系统对大气 CO_2 浓度升高及其带来的全球变化的响应、适应与反馈方式和程度，对人类应对和减缓大气 CO_2 浓度升高带来的负面影响具有深远意义。

第一节　大气 CO_2 浓度升高对生理生态过程的影响

一、植物光合作用

光合作用是植物通过吸收光能，在光合酶（Rubisco）的催化作用下，将 CO_2 和水合成有机物并释放氧气的过程。大气 CO_2 浓度升高会促进 Rubisco 的羧化反应和光合碳固定，同时抑制 Rubisco 的氧化反应减少光呼吸带来的碳损失，最终增加其光合作用效率。光合作用上升带来的植物生产力增加，让植株叶面积得以增加，进一步促进整株的光合作用效率。大气 CO_2 浓度升高对植物光合作用、产量及生产力的促进作用被称为"CO_2 施肥效应"（CO_2 Fertilization Effects）。不同类型植物的光合作用能力对大气 CO_2 浓度升高的响应不一致。例如，C_4 植物（如狗尾草）对 CO_2 的富集作用可以抵消环境 CO_2 浓度升高的影响，因此，其对大气 CO_2 浓度升高的响应不如 C_3 植物（如水稻）敏感（图 4.1）。

大气 CO_2 浓度升高的模拟研究表明，高浓度 CO_2 对植物光合速率的促进作用会随着时间的延长而逐渐消失，该现象被称为植物对 CO_2 的光合适应（Photosynthetic Acclimation）。光合适应现象最为直观的证据是生长在高 CO_2 浓度下的植物在正常

CO_2 浓度下测定时,其光合速率下降。由于该现象的存在,长期来看,大气 CO_2 浓度升高导致的"CO_2 施肥效应"会受到不同程度的削弱。例如,大气 CO_2 浓度升高至 565 ppm 时,C_3 植物的净光合作用速率可瞬时升高 $40\%\sim60\%$,但是长期 CO_2 熏蒸处理下植物光合作用速率仅增加 $0\%\sim45\%$。

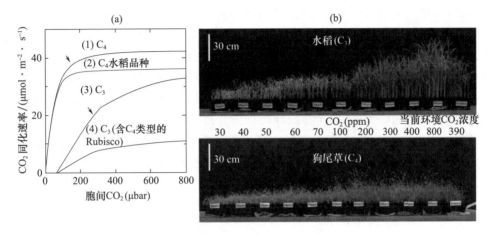

图 4.1　CO_2 浓度升高对植物的施肥效应(von Caemmerer et al.,2012)

(a)C_3 和 C_4 植物光合 CO_2 同化速率对叶片胞间 CO_2 分压升高的响应模型;

(b)水稻(C_3)和狗尾草(C_4)在不同环境 CO_2 浓度($30\sim800$ ppm)下生长 21 d 后的长势

植物对 CO_2 的光合适应可以在几个月内发生,也可能在数年内逐渐发展,并持续数十年之久。该现象的产生机制尚不明确,目前有三个主要的假说:①底物限制假说认为,仅 CO_2 浓度升高,短期内可促进光合作用,长期可能会因非碳底物的限制导致光合适应。例如,植物在氮胁迫时易发生光合适应,在供氮充足时不发生光合适应;②反馈抑制假说认为,植物不能全部利用在高 CO_2 条件下所增加的碳水化合物(主要是淀粉),通过反馈抑制使叶片光合速率降低。例如,Micallef 等(1995)研究发现通过增加蔗糖磷酸合成酶(Sucrose Phosphate Synthase,SPS)基因的表达提高了番茄蔗糖合成能力后,转基因番茄植株未发生光合适应现象,原因是此过程中光合作用产生的磷酸丙糖被运出叶绿体用于合成蔗糖,从而抑制了叶绿体中淀粉的合成;③Rubisco 羧化限制假说认为,高浓度 CO_2 环境下光合酶(Rubisco)含量或羧化活性降低是引起光合适应的主要原因。Rubisco 含量的降低可能源于 CO_2 升高导致的植物体内氮资源的再分配或叶片早衰导致的叶片蛋白含量减少。

二、植物呼吸作用

植物的呼吸作用是植物氧化有机底物产生能量、CO_2 和水分的过程,是与光合作用相逆的过程。陆地植物的光合作用从大气中吸收的碳(约 123 $PgC \cdot a^{-1}$),约一半会通过自养呼吸返回大气。

短期来看,大气 CO_2 升高常常降低从植物中分离出的线粒体、植物组织细胞及器官的暗呼吸速率。据估计,当前大气 CO_2 浓度增加一倍可导致木本植物组织呼吸作用速率下降 15%~20%。Dusenge 等(2018)综述了大气 CO_2 浓度升高对植物呼吸的影响,指出短期大气 CO_2 浓度升高对植物呼吸的抑制作用可能的原因包括:①随着 CO_2 浓度增加,叶片氮含量通常减少(木本植物除外),此时常常伴随着光合作用下降和代谢需求降低;②CO_2 浓度增加,Rubisco 酶向着有利于羧化效率增加,导致氧化效率降低,抑制光呼吸;③CO_2 作为呼吸作用最终产物,其浓度增加时会引起产物积累的负反馈效应,抑制呼吸作用;④胞间 CO_2 浓度的增加会引起细胞中 pH 的下降,降低相关生化酶活性,进而抑制呼吸作用。而长期生长在高 CO_2 环境下的植物的呼吸速率会出现上升的情况。高 CO_2 浓度对呼吸作用的促进作用可能的原因包括:①植物光合作用效率增加,合成了更多的碳水化合物,增加了呼吸作用底物;②呼吸作用相关基因表达上调,提高呼吸速率;③叶片中线粒体的数量增加,导致呼吸速率上升;④植物单位面积叶片质量(比叶重)增加,导致单位面积呼吸速率增加。

近年来,大气 CO_2 浓度升高对植物根呼吸速率的影响研究也受到了越来越多的关注。植物根系呼吸是土壤呼吸的重要组成部分,其排放的 CO_2 可占到土壤呼吸 CO_2 排放总量的 30%~50%。高浓度 CO_2 会刺激植物根系生长,进而增加植物根系呼吸速率。有研究表明,大气 CO_2 浓度升高可导致根系呼吸速率增加 1 倍以上,其影响程度会因实验处理方式、处理时间长度以及生态系统类型的不同而发生变化。土壤养分状况(尤其是氮水平)也会直接影响根呼吸:根呼吸速率和外源氮浓度或根的氮含量一般呈正相关关系。根系呼吸的不同组分(即维持呼吸、生长呼吸及养分吸收呼吸)对大气 CO_2 浓度升高的响应也有差异。例如,大气 CO_2 浓度升高下根系氮和蛋白质浓度下降,表明蛋白质周转所需能量可能会减少,导致根系维持呼吸速率降低;相反,大气 CO_2 浓度升高对根系生长的刺激则可能导致生长呼吸速率增加。

三、植物蒸腾作用

植物叶片的气孔导度可反映单位时间内进入叶片单位面积的 CO_2 或水汽量,是影响植物蒸腾作用的主要因素。高 CO_2 浓度对植物最初的影响就是导致气孔关闭,减少植物蒸腾作用。Anisworth 等(2007)对全球开放式 CO_2 富集(Free-Air CO_2 Enrichment,FACE)系统中的实验结果进行了整合分析,结果表明,大气 CO_2 浓度增加导致植物气孔导度下降了 22%。不同类型植物叶片气孔导度对高 CO_2 浓度的敏感性存在差异,一般表现为:禾草>非禾本科草本>木本植物;阔叶植物>针叶植物。

叶片水平的研究结果表明,大气 CO_2 浓度升高环境下,气孔的关闭使植物在减少水分损失的情况下保持较高的光合作用效率,进而导致植物的水分利用效率(Water use efficiency，WUE)增加。虽然高 CO_2 浓度能显著降低叶片气孔导度,但是只有其下降程度达到足以改变整株植物或植物群落的 WUE 时,这一影响才有生态学意义。利用涡度相关和树木年轮同位素方法,Dekker 等(2016)发现,陆地植物 WUE 在 20 世纪增加了约 48%,且这段时间 WUE 的增加是由于 CO_2 升高对光合作用和气孔导度的影响(图 4.2)。然而模拟 CO_2 增加研究则发现,高 CO_2 浓度导致叶片气孔导度下降的同时增加了叶面积,最终植物 WUE 没有受到影响。在叶面积指数较大的植物冠层中,叶边界层和空气动力阻力对 WUE 的影响比 CO_2 对气孔导度的影响更大。虽然高 CO_2 浓度环境下不同的生态系统类型的气孔导度下降程度不一致,但是在空气动力阻力的作用下,其各个生态系统蒸发量的下降程度并没有显著差别。美国杜克森林试验站进行的 FACE 实验结果表明,在林分尺度上,高 CO_2 浓度环境下树冠电导率的降低不是源自于叶片水平的直接响应,而是冠层叶面积指数增加以及水力途径调整的间接影响结果。

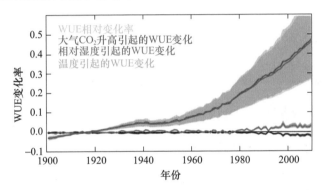

图 4.2　20 世纪全球陆地植物水分利用效率(WUE)变化率
(相对 1901—1930 年均值;Dekker et al.，2016)

四、土壤微生物变化

CO_2 浓度升高可通过影响植物生长和/或改变土壤环境进而影响土壤微生物群落结构和功能。鉴于土壤中 CO_2 的浓度是大气 CO_2 浓度的 $10\sim50$ 倍,现在普遍认为大气 CO_2 浓度的升高主要通过影响植物间接影响土壤微生物活动。

(1)土壤微生物生物量和群落组成

微生物生物量作为土壤活性营养成分主要来源,为植物生长发育供应大量能源物质。微生物生物量的大小一定程度上可显示出土壤肥力程度,影响着土壤有机质的转化、固定和矿化过程,反映土壤中生物活动强度以及土壤质量等。高 CO_2 浓度处理条件下,根际碳沉积量升高可为土壤微生物生长繁殖供应更多营养物质,从而促进微生物生长,增加微生物生物量。不同微生物种类对 CO_2 浓度升高的响应差异直接导致了微生物群落组成的变化。例如,长期的大田熏蒸实验结果表明,大气 CO_2 浓度升高总体上能增加菌根真菌的丰度,但是不同的菌根真菌物种的响应有显著差异,引起其群落结构发生变化(图 4.3)。土壤微生物群落结构变化一定程度上影响着有机质分解、植物营养成分供应以及陆地生态系统碳收支平衡。

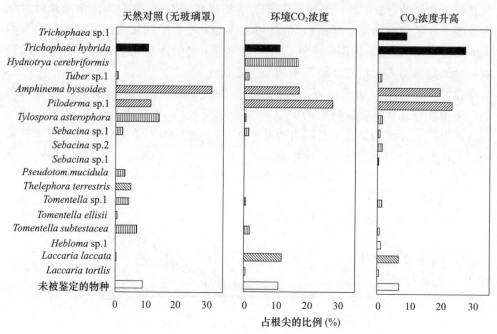

图 4.3　CO_2 浓度升高对外生菌根真菌丰度的影响(Godbold et al.,2015)

(Trichophaea 长毛盘菌属;Hydnotrya 腔块菌属;Tuber 块菌属;Amphinema 阿太菌属;

Piloderma 发肤菌属;Tylospora 无乳头菌科－Tylospora 属;Sebacina 蜡壳耳属;

Sistotrema 白齿菌属;Pseudotom. 假小垫革菌属;Thelephora 革菌属;

Tomentella 小垫革菌属;Hebeloma 黏滑菇属;Laccaria 蜡蘑属)

(2)土壤微生物呼吸

土壤微生物呼吸通常指微生物通过分解根系分泌物和土壤有机质释放 CO_2 的过程。微生物呼吸是土壤呼吸最大的组分,该过程释放的 CO_2 可以占到土壤呼吸 CO_2 排放总量的一半以上。理论上,大气 CO_2 浓度升高会增加根际沉积、凋落物输入和地下部分的碳输入,并通过增加土壤微生物对碳的可利用性来提高微生物活性以及呼吸速率。实际观测中,土壤微生物呼吸对大气 CO_2 浓度的响应则受生态系统类型、处理方式以及持续时间等多种因素的影响。例如,经过高浓度 CO_2 处理后,山胡椒的根际土壤微生物呼吸增加(Ball et al.,2000),但是美国黄松的根际土壤微生物呼吸却没有明显变化(Johnson et al.,1994)。大气 CO_2 浓度升高还会通过增强微生物活性来提高土壤微生物呼吸速率。但是,因为土壤微生物更易分解根系来源的易分解有机碳,土壤中活性碳组分含量的增加使得微生物对土壤有机质的分解减少,甚至会导致土壤微生物呼吸速率的下降。

大气 CO_2 浓度升高对土壤微生物呼吸的影响也会通过正反馈或负反馈作用导致大气 CO_2 浓度发生变化。一方面,CO_2 浓度升高引起微生物活性增加,将促进微生物分解更多来自植物的碳(如凋落物、根系分泌物),同时通过正激发效应(Priming Effect)促进微生物对土壤易分解和难分解有机碳的分解,从而使得更多的碳返回大气,对大气 CO_2 浓度形成正反馈作用;另一方面,CO_2 浓度升高也可能会通过改变底物质量和土壤化学计量比,降低土壤中氮的有效性,进而抑制微生物对有机质的分解速率,从而降低土壤碳的流失形成负反馈作用。

(3)微生物和根系分泌物相互作用

大气 CO_2 浓度升高会促进植物根系分泌物的增加,进而对微生物群落结构及根际微生物活性产生影响。研究表明,高 CO_2 浓度下根际可溶性碳含量的增量可高达 60%,其原因可能是 CO_2 浓度升高会直接刺激植物根系生理代谢,增加分泌物的释放,也可能是 CO_2 浓度升高引起的温度上升加速了植物的新陈代谢,间接增加根系分泌物释放。反过来土壤微生物也会对植物根系分泌物的释放产生影响,主要表现在以下四个方面:①改变根细胞渗透性;②调节根的代谢活动;③影响根际营养物质对植物的有效性;④调控根系分泌物的某些化合物吸收与转化。

第二节　大气 CO_2 浓度升高对生态系统物质循环的影响

一、碳循环

大气中的碳通过植物光合作用进入陆地生态系统,并通过植物呼吸、凋落物分解与土壤有机质分解过程返回大气,从而形成一个循环系统。陆地生态系统碳循环对大气 CO_2 浓度的响应主要取决于植物固碳和土壤固碳两个过程。由于 CO_2 "施肥效应"的存在,一般认为,大气 CO_2 浓度升高会提高陆地生态系统生产力,并进一步影响土壤碳循环过程。

(1)植物光合固碳

陆地总初级生产力(Gross Primary Production,GPP)代表全球植被光合作用之和,是评估大气 CO_2 浓度升高对陆地生态系统碳循环的重要指标之一。FACE 系统的田间观测实验结果显示,大气 CO_2 浓度升高将显著提高 GPP,增加陆地生态系统的固碳能力。历史卫星图像也为评估工业化以来大气 CO_2 浓度增加对全球陆地植被 GPP 的影响提供了一个途径。多项卫星图像研究报告指出,自 20 世纪 80 年代以来全球正在持续变绿,其中 1982—2010 年间陆地生态系统的植被覆盖率增加了

11％,且这一变化主要是由大气 CO_2 浓度升高驱动的。基于过程的陆地碳循环模型的拟合结果也指出,CO_2 "施肥效应"对当前全球叶面积指数和碳汇增加的解释度分别高达 70％ 和 60％。需要指出的是,植物光合固碳的增加并不一定会增加生态系统的碳储量,因为不同植物物种会表现出不同的碳分配模式,而分配模式的不同决定了碳的命运和最终碳储量的多少。例如,高 CO_2 浓度下松树林主要增加难以降解的木质部生物量,而枫香林则主要增加了易降解的细根产量。然而,即便松树林的碳分配模式似乎更利于碳的储存,木质部也不是永久性的碳库。杜克森林试验站的FACE 实验结果表明,木材中碳的停留时间只有 19～27 年,而且木材更有可能因燃烧或砍伐而将固定的碳快速释放出来(Norby et al. , 2011)。

长期来看,大气 CO_2 浓度升高对陆地碳汇的刺激作用可能会减弱。Wang 等(2020)基于卫星观测数据的估算结果显示,全球大气 CO_2 浓度升高带来的"施肥效应"在近 40 年呈现显著下降趋势,以欧洲、西伯利亚、南美洲和非洲大部以及澳大利亚西部地区尤为明显。土壤氮水平的限制被认为是 CO_2 "施肥效应"减弱的主要原因之一。长期 CO_2 浓度升高对植物生长的促进作用,往往会导致氮素被固定在多年生的植物体内和土壤有机质中,从而导致土壤可利用氮含量下降,反过来削弱植物生长对 CO_2 浓度升高的响应,这一现象被称为渐进式氮限制(Progressive Nitrogen Limitation;图 4.4)。渐进式氮限制多发生在土壤氮含量较低的生态系统中。不同生态系统类型对 CO_2 浓度升高下的渐进式氮限制响应也存在差异,例如研究发现,渐进式氮限制现象常见于草地生态系统中,森林生态系统中较为少见(Reich et al. ,2006)。

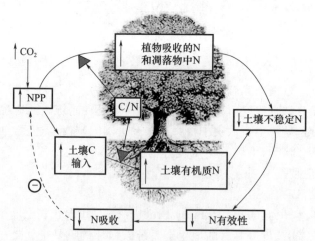

图 4.4　CO_2 浓度升高下的渐进式氮限制概念图(Luo et al. ,2004)

（2）土壤碳固存

大气 CO_2 浓度升高对土壤碳循环的影响包括土壤碳输入和输出两个方面。一般认为,CO_2 浓度增加会促进植物的光合产物向根系分配,加快细根的周转速度,增加根系分泌物,从而提高陆地生态系统的土壤碳输入量。另一方面,CO_2 升高对根系生物量、形态、化学组成、土壤有机质、土壤微生物数量、微生物群落与功能的影响会进一步影响土壤呼吸,进而增加土壤碳的输出量(图 4.5)。

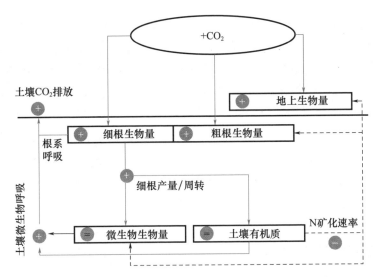

图 4.5 大气 CO_2 浓度升高对陆地植被碳循环和土壤呼吸的影响(Dielema et al. , 2010)

植物根系的碳输入量主要受植物根冠比影响,该指标可反映植物光合产物向根系分配的比例。CO_2 浓度升高通常会对植物根系生物量有促进作用,可能是由于增加了植物根系生长速率和表面积,同时提高了根吸收营养物质的速率。CO_2 浓度升高导致的这种根系碳输入量增加现象不受植物类型和生长季节的影响,但是在养分供应充分的情况下,高浓度 CO_2 对根冠比的促进作用会削弱。根系周转速率以一年中根系生物量的增加值与最大值的比值表示,是衡量碳流入土壤的另一个重要因素,可用于代表地下部分碳流量以及碳库储存能力的变化。许多研究表明,随着 CO_2 浓度升高后流入植物根系的光合产物的增加,根系的周转速率也显著增加。类似的现象在木本植物(如辐射松,别名:新西兰松)和草本植物(如温带草原植物)中均有报道。高浓度 CO_2 对植物根系周转速率的影响可能是通过改变植物水分和养分利用率来实现的。

大气 CO_2 浓度升高几乎能够促进森林生态系统所有类型植物群落的土壤呼吸速率,这可能与细根生物量的增加有关。根系呼吸排放的 CO_2 可占土壤呼吸 CO_2 释放总量的 70%。在根系周转时间及生命周期确定的情况下,细根生物量的增加能够增强根系的呼吸作用,土壤微生物呼吸的强度也会随根系残体数量的增多而提高。大气 CO_2 浓度升高对根际呼吸的促进作用要远高于根系生物量的增加量。有研究发现,CO_2 升高处理导致植物生物量增加 15%~26% 时,根际呼吸释放的碳却增加了 56%~74%。关于 CO_2 浓度升高条件下土壤呼吸增强的潜在机制有两种:一种假

说是 CO_2 升高后根系分泌的碳增加,周转速率提高,导致根际呼吸增加;另一种假说是 CO_2 浓度升高会导致植物与微生物之间的相互作用增强,刺激根际呼吸。

二、氮循环

大气 CO_2 浓度升高通过增加根瘤数量或通过改变单个根瘤重量使总根瘤重量增加,并提高固氮酶的活性,影响生物固氮过程。关于大豆的研究发现,高浓度 CO_2 处理显著增加了大豆植株对氮的吸收,大豆根瘤比固氮活性增加幅度可高达 73.9%(表 4.1)。由于固氮植物在高浓度 CO_2 环境下的竞争力可能比非固氮植物更强,大气 CO_2 浓度升高最终可能会提高陆地生态系统的生物固氮量。

表 4.1　大气 CO_2 浓度升高对大豆根瘤固氮活性的影响(蒋跃林 等,2006)

CO_2 浓度/ $(\mu mol \cdot mol^{-1})$	初花期		鼓粒期	
	比固氮活性/ $(\mu mol \cdot g^{-1} \cdot h^{-1})$	单株固氮活性/ $(\mu mol \cdot h^{-1})$	比固氮活性/ $(\mu mol \cdot g^{-1} \cdot h^{-1})$	单株固氮活性/ $(\mu mol \cdot h^{-1})$
350(CK)	53.07c	22.27d	18.54b	13.34d
450	58.42bc	24.63cd	19.65ab	16.01c
550	56.79bc	27.14bc	20.31a	18.24b
650	61.48ab	29.75b	19.87ab	20.23b
750	65.81a	34.68a	21.02a	23.20a

注:同一列不同小写字母表示处理间的差异达到显著水平($p < 0.05$)

土壤中的有机氮只有先通过一系列酶促反应进行矿化才能成为可被植物吸收的无机态氮。土壤酶活性能够反映土壤中生化过程的方向和强度,与土壤中有效氮的含量密切相关。大气 CO_2 浓度升高促进土壤微生物活动和作物根系代谢,能够增加土壤微生物和根系分泌的土壤酶(如土壤水解酶、脲酶、蛋白酶和多酚氧化酶等)含量和活性,进而促进土壤中有机氮的矿化。

土壤中无机氮含量还受到微生物固持作用影响。研究发现,高浓度 CO_2 短期内会增加植物凋落物的碳氮比,在凋落物分解早期土壤微生物在获得丰富碳源的同时,促进微生物对土壤中无机氮的固持。随着凋落物的分解过程中 CO_2 的不断释放,土壤碳氮比逐渐降低,微生物对氮的固持速率逐渐小于有机氮的矿化速率,最终表现为有机氮的净矿化。由此可见,CO_2 浓度升高条件下土壤氮矿化与固持是多因素耦合的过程,需要从土壤氮平衡的角度综合分析。

关于陆地生态系统氮循环响应 CO_2 浓度升高的讨论往往是和碳循环联系在一起的。在所有的陆地生态系统中,碳和氮循环之间都存在很强的联系,这种现象被称为碳氮循环的耦合作用(图 4.6)。陆地生态系统碳氮循环的耦合作用表现在植物冠层光合固碳过程,和植物组织呼吸、土壤凋落物和有机质分解、地下部分根系周转与呼吸等碳释放过程。大气 CO_2 浓度升高对植物生长的促进作用,将增加其对氮的需求量。在不受限制的情况下,大气 CO_2 浓度增加 300 ppm,植物光合作用速率将提高 60%,而叶片氮含量将下降 21%。植物的固碳量受冠层叶片中氮含量的制约,叶片组成中 50% 的氮与光合作用酶的活性有关。叶片氮含量的降低会限制植物光合作用碳同化效率。植物维持组织的呼吸速率也与组织中氮的含量有密切关系,因为植物细胞中 90% 氮在蛋白质中,这些蛋白质需要能量来替换和修复。为了提高氮的吸收效率,植物将更多的同化物输送到根系,增加了根系的生物量,并降低了地上地下生物量比。高 CO_2 浓度在增加植物生长的同时,还会增加地下部分生物量和凋落物,并降低土壤氮含量,改变土壤碳氮比。土壤碳氮比升高会促进微生物活动,与微生物活动密切相关的土壤有机质分解、矿化作用、硝化作用、反硝化作用等土壤碳氮循环以及温室气体排放过程也随之增强。

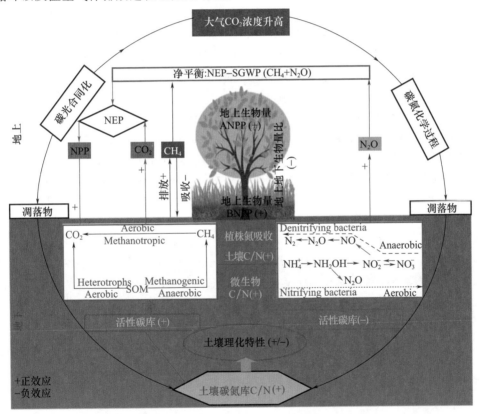

图 4.6　陆地生态系统碳氮循环过程对大气 CO_2 浓度升高的响应和反馈机制(刘树伟 等,2019)
(NPP:净初级生产力;NEP:净生态系统生产力;SGWP:温室气体持续增温潜势;SOM:土壤有机质;
Methanotrophic:甲烷氧化微生物;Methanogenic:产生甲烷微生物;Heterotrophs:异氧呼吸微生物;
Nitrifying bacteria:硝化细菌;Denitrifying bacteria:反硝化细菌;Aerobic:好氧;Anaerobic:厌氧)

三、水循环

大气 CO_2 浓度升高会改变气候系统和植物水分利用等有关过程,进而影响了陆地生态系统的水分平衡。相对于碳氮循环来说,大气 CO_2 浓度增加对陆地生态系统水循环的影响较少受到关注。由于水分平衡变化将对生态系统结构与功能产生重大影响,想要全面了解陆地生态系统对大气 CO_2 浓度升高的响应,必须充分考虑土壤-植物-大气连续体(Soil-Plant-Atmosphere Continuum,SPAC)中各水分通量的变化特征。

大气 CO_2 浓度增加导致全球温度升高会改变全球降水格局和蒸散等物理过程,进而影响陆地生态系统水分平衡。然而,由于全球尺度的降水、陆表蒸散等变量的空间分布和变化趋势存在很大的不确定性,大气 CO_2 浓度升高对陆地-大气间的水分循环和平衡的影响程度尚不清楚。从全球尺度看,随着大气 CO_2 浓度的升高,20 世纪全球降水呈显著增加的趋势;而从区域尺度看,不同地区降水变化存在显著差异。例如,在大气 CO_2 浓度增加引起的升温作用下,近几十年来我国北部和东北部降水呈减少的趋势,而湿润的南方地区降水则呈增加趋势。降水格局的变化已导致全球许多地区干旱胁迫加剧,严重影响陆地生态系统功能。CO_2 浓度升高和全球变暖的背景下,不同地理分布和空间尺度蒸散的变化也存在较大差异。蒸散与太阳辐射、日照时数、大气中气溶胶以及云量等因素关系密切,基于卫星遥感、气象观测数据以及数值模拟结果,研究发现 1998 年之后全球蒸散开始呈下降趋势。

大气 CO_2 浓度升高同样会影响植被冠层蒸腾速率。相关的 FACE 试验结果表明,在叶面积指数不变的情况下,温带落叶林生态系统中冠层蒸腾的减少将反映在土壤水分的增加上。模型预测结果也支持大气 CO_2 浓度升高会增加土壤含水量的结论。然而,也有实验结果表明,相对于 CO_2 浓度增加对降水模式的影响来说,大气 CO_2 浓度升高通过直接影响气孔导度而引起地表径流量的变化可以忽略不计。虽然大气 CO_2 浓度增加对植物气孔导度和林分蒸腾的影响比较有限,但是由于水在生态过程中的重要作用,其后续影响可能会被放大。正是因为这种植物-土壤-水的相互作用是复杂和多变的,需要根据水通量数据进一步完善相关陆地生态系统模型。

第三节　大气 CO_2 浓度升高对生态系统服务的影响

一、生态系统生产力

高浓度 CO_2 对植物生产力/生物量的影响在植株、种群、群落及生态系统层面有着不同的表现。总体上看,高浓度 CO_2 环境下,植物光合作用、水分利用效率、氮利用效率均增加,进而提高植株的生长速率、存活率、繁殖率和同生群周转率,不同植物种的响应差异对其竞争模式的影响最终带来植物功能群组成的变化,最终通过改变土壤营养元素和土壤微生物对陆地植被生产力产生复杂的影响(图 4.7)。大气 CO_2 浓度升高对不同尺度的植物生产力的影响可能截然相反。例如,植物生理学研究结果表明,大气 CO_2 浓度升高会提高植物光合作用效率进而促进其生物量的积累;种群生态学的研究则表明,大气 CO_2 浓度升高引起的植物死亡率的增加可能会超过植物生长速度增加对种群生产力的影响。

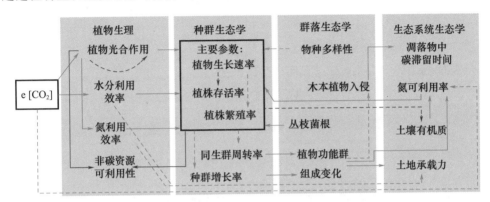

图 4.7　大气 CO_2 浓度升高对不同尺度植物生产力/生物量的影响(Maschler et al.,2022)
(绿色代表正向影响,红色代表负向影响,黄色代表影响尚不明确。实线代表高置信度,虚线代表低置信度)

近几十年来,在全球天然生态系统中开展的各项实验(包括 FACE 实验)结果表明,陆地生态系统 NPP 对大气 CO_2 浓度升高的响应均呈增加趋势。同时,主流的陆地生态系统碳循环模型的拟合结果显示 1980—2020 年间,大气 CO_2 浓度每升高 100 ppm陆地生态系统生物量会增加 5%~27%。然而,越来越多的证据表明,大气 CO_2 浓度升高带来的陆地生态系统 NPP 的增加可能只是暂时的现象。陆地生态系统 NPP 对大气 CO_2 浓度升高的响应可能会受到未来高浓度 CO_2 环境下植物生理、种群、群落和生态系统动态变化的限制。例如,长期(>10 a)FACE 实验的结果显示,由于土壤氮限制的影响,CO_2升高对森林 NPP 的刺激作用在更长的时间尺度上可能会消失(图 4.8)。

二、生态系统多样性

大气 CO_2 浓度升高对植物的影响会间接影响地下生态系统的功能多样性、土壤动物及土壤微生物群落的多样性。由于不同功能型植物对 CO_2 浓度变化的响应存在差异,大气 CO_2 浓度升高环境下不同功能型植物的竞争力和同生群周转能力将发生变化,并最终导致植物群落组成发生变化。一般来说,高浓度 CO_2 环境下木本植物生物量的增加常常高于其他功能类群。这可能是由于木本植物组织的碳周转时间比非木本植物组织要长,因此,大气 CO_2 浓度升高能更有效地促进其生物量的累积,进而提高其种群竞争力。一项为期 11 年的研究发现,CO_2 浓度升高加速了林下植物群落的演替过程,主要表现在木本植物的生物量占比增加(Souza et al.,2010);而根据遥感观测资料,Venter 等(2018)发现,大气 CO_2 浓度升高带来的木本植物入侵导致 1986—2016 年间非洲撒哈拉以南的稀树草原生态系统中木本植物的覆盖率增加了 8%(图 4.9)。

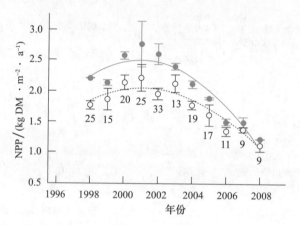

图 4.8 森林净初级生产力(NPP)对大气 CO_2 升高的响应(Norby et al.,2010)

(绿色圆点为 CO_2 升高处理结果,黑色圆圈为对照结果)

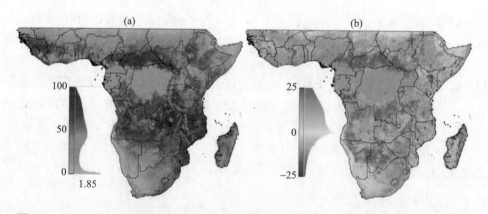

图 4.9 1986—2016 年间撒哈拉沙漠以南非洲地区木本植物覆盖动态(Venter et al.,2018)

(a)平均木本植物覆盖率(%);(b)木本植物覆盖率变化率(%)

研究表明,CO_2 浓度升高也会对中小型土壤动物产生积极影响,可能是由于 CO_2 对植物的"施肥效应"增加了土壤表层的有机物输入,并为土壤动物提供了食物资源和营养生态位。大气 CO_2 浓度升高对不同类群的土壤动物影响不同。例如,在三江平原开展的一项研究发现,大气 CO_2 浓度升高导致土壤中高甲螨亚目、绒螨科、蜘蛛目、线虫类群数和密度升高,而弹尾目、双翅目幼虫、鞘翅目幼虫、同翅目、蜚蠊目的类群数和种群密度却下降(伍一宁 等,2018)。

大气 CO_2 浓度升高同样影响着土壤微生物多样性。研究发现,高浓度 CO_2 可导致根系微生物种类数量增加 2 倍,甚至更多。但是,不同微生物种类对高浓度 CO_2 的响应却存在差异。例如,一项关于冷杉的研究发现,高浓度 CO_2 处理下的冷杉根际土壤细菌数量在 6 月、8 月和 10 月分别比对照组提高了 35%、164% 和 312%,但真菌、放线菌数量却没有变化。针对小麦的另一项研究则表明,小麦根际土壤真菌和细菌对高浓度 CO_2 的敏感程度较弱,放线菌的敏感度较高,经高浓度 CO_2 熏蒸处理后小麦根际土壤中真菌、细菌数量下降,放线菌数量反而增加。一般认为, CO_2 浓度升高带来的碳输入对真菌的生长更为有利,但是,研究发现,真菌、细菌的比例随着 CO_2 浓度升高可能出现增加、降低或者不变的响应。产生这种不一致的原因尚不清楚,可能与底物质量和数量、土壤温度、pH、土壤碳/氮比等因素有关。关于红松和大豆的相关研究发现,高浓度 CO_2 还会导致根际土壤出现新的微生物物种,同时伴随着原有微生物物种生物量减少或增加以及部分原有微生物物种消失的现象,但主要建群种没有发生变化。

第四节　生态系统对大气 CO_2 浓度升高的适应与反馈

一、生态系统对大气 CO_2 浓度升高的适应

长期生长在 CO_2 浓度升高环境下,植物的形态结构会发生适应性变化。例如,在高 CO_2 环境中生长的植物根系增长、根茎增加、根冠比增加,根系在土壤中分布也发生了变化,表现为浅层土壤根系分布减少,深层土壤根系分布增加。大气 CO_2 浓度升高条件下,更深的根系分布可能与三个因素有关:①随着植物生产力的增加,植物对营养物质的需求增加;②植物增加了根系的碳分配比例;③由于植物或微生物的竞争增加,浅层土壤中的资源可利用性有限。这三个因素可能会相互作用来控制根系的走向,从而决定根系在整个土壤剖面中的分布。

通过发展一些适应性策略,植物还可以避免长期大气 CO_2 浓度升高下渐进式氮限制现象的发生。在低氮环境的森林生态系统中,植物可通过提高总地下碳通量来刺激氮的吸收,以使冠层叶面积和冠层氮量增加,从而维持其光合固碳能力对 CO_2 浓度升高的响应。植物也可以利用土壤微生物(菌根真菌)直接吸收有机小分子氮

的方式来缓解氮限制,但是不同类型的菌根效果存在差异。例如,具有外生菌根(Ectotrophic Mycorrhiza, ECM)系统的生态系统可分解难分解凋落物,直接吸收土壤中的有机氮,为植物提供充足的无机氮,避免渐进式氮限制的发生;而具有丛枝菌根(Arbuscular Mycorrhiza, AM)系统的生态系统只能为植物提供无机氮,在从凋落物转化为可供利用的无机氮的复杂过程中,微生物提供的可利用氮库往往很难满足植物对氮的需求,因此,较易发生渐进式氮限制(图 4.10)。

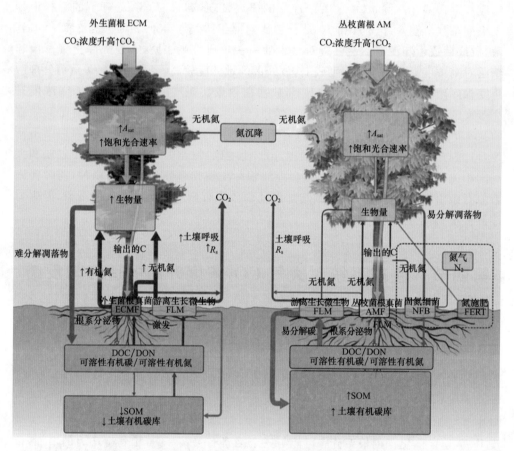

图 4.10 大气 CO_2 浓度升高对外生菌根系统和丛枝菌根系统的影响(Terrer et al., 2017)
(图中箱体大小代表 CO_2 浓度升高导致的库的大小,箭头的粗细代表 CO_2 浓度升高导致的通量大小,↑
代表 CO_2 浓度升高的正效应,↓代表 CO_2 浓度升高的负效应)

二、生态系统对大气 CO_2 浓度升高的反馈

在大气 CO_2 浓度升高情景下,土壤生物和非生物环境条件的变化会促进土壤温室气体大量排放。甲烷(CH_4)和氧化亚氮(N_2O)是除 CO_2 以外最受关注的温室气

体。大气 CO_2 浓度会极大地促进 CH_4 的释放。一方面,CO_2 升高对土壤碳输入的促进作用,为产 CH_4 微生物提供了更多的碳底物,有利于 CH_4 的产生;另一方面,CO_2 升高对植物蒸腾作用的抑制会促进 CH_4 向地表输送。从生态系统层面上看,大气 CO_2 升高会增加湿地 CH_4 排放,降低旱地土壤 CH_4 的吸收功能,最终增加大气 CH_4 的排放源强度。相比之下,大气 CO_2 浓度升高对 N_2O 排放的影响较弱,只有在氮添加或在高原地区开展的研究中,大气 CO_2 浓度升高才会显著增加 N_2O 的排放。大气 CO_2 浓度升高促进土壤 N_2O 的产生和排放的原因可能是土壤碳源的增加提高了土壤反硝化微生物的活性。此外,大气 CO_2 浓度升高导致的土壤 CH_4 和 N_2O 排放量的增加与植被地下生物量碳的变化呈显著的正相关关系,说明 CO_2 浓度升高主要是通过增加植株地下生物量碳的分配和根系分泌物来促进 CH_4 和 N_2O 的排放的。

复习思考题

1. 大气 CO_2 升高会对哪些陆地生态系统生理生态过程产生影响?

2. 什么是 CO_2 的"施肥效应"?它的机制是什么?

3. 土壤微生物如何响应大气 CO_2 浓度升高?

4. 什么是渐进式氮限制?植物通过什么适应策略来避免渐进式氮限制的发生?

5. 大气 CO_2 升高将通过哪些途径影响陆地生态系统碳循环?

6. 大气 CO_2 升高将如何影响氮在生态系统内的循环?

7. 我们如何应对大气中 CO_2 浓度升高带来的生态效应?请提出几条缓解其消极影响的措施或努力的方向。

参考文献

伍一宁,王贺,钟海秀,等,2018. 三江平原土壤动物群落多样性对 CO_2 浓度升高的影响[J]. 生物多样性,26(10):1127-1132.

刘树伟,纪程,邹建文,2019. 陆地生态系统碳氮过程对大气 CO_2 浓度升高的响应与反馈[J]. 南京农业大学学报,42(5):781-786.

蒋跃林,张庆国,张仕定,等,2006. 大气 CO_2 浓度升高对大豆根瘤量及其固氮活性的影响[J]. 大豆科学,25(1):53-57.

ANISWORTH E A,ROGERS A,2007. The response of photosynthesis and stomatal conductance to rising CO_2:mechanism and environmental interactions[J]. Plant,Cell and Environment,30:

258-270.

BALL A S, MILINE E, DRAKE B G, 2000. Elevated atmospheric-carbon dioxide concentration increases soil respiration in a mid-successional lowland forest[J]. Soil Biology and Biochemistry, 32: 721-723.

DEKKER S C, GROENENDIJK M, BOOTH B B B, et al, 2016. Spatial and temporal variations in plant water-use efficiency inferred from tree-ring, eddy covariance and atmospheric observations [J]. Earth System Dynamics, 7: 525-533.

DIELEMAN W I J, LUYSSAERT S, REY A, et al, 2010. Soil N modulates soil C cycling in CO_2-fumigated tree stands: a meta-analysis[J]. Plant, Cell and Environment, 33: 2001-2011.

DIJKSTRA F A, PRIOR S A, RUNION G B, et al, 2012. Effects of elevated carbon dioxide and increased temperature on methane and nitrous oxide fluxes: evidence from field experiments[J]. Frontiers in Ecology and the Environment, 10: 520-527.

DUSENGE M E, DUARET A G, WAY D A, 2018. Plant carbon metabolism and climate change: elevated CO_2 and temperature impacts on photosynthesis, photorespiration and respiration[J]. New Phytologist, 221: 32-49.

EISENHAUER N, CESARZ S, KOLLER R, et al, 2012. Global change belowground: Impacts of elevated CO_2, nitrogen, and summer drought on soil food webs and biodiversity[J]. Global Change Biology, 18: 435-447.

GODBOLD D L, VASUTOVA M, WILKINSON A, et al, 2015. Elevated atmospheric CO_2 affects ectomycorrhizal species abundance and increases sporocarp production under field conditions[J]. Forests, 6: 1256-1273.

JOHNSON D, GEISINGER D, WALKER R, et al, 1994. Soil p_{CO_2}, soil respiration, and root activity in CO_2-fumigated and nitrogen-fertilized ponderosa pine[J]. Plant and Soil, 165: 129-138.

LEAKEY A D B, AINSWORTH E A, BERNACCHI C J, et al, 2009. Elevated CO_2 effects on plant carbon, nitrogen, and water relations: six important lessons from FACE[J]. Journal of Experimental Botany, 60: 2859-2876.

LUO Y, CURRIE W S, DUKES J S, et al, 2004. Progressive nitrogen limitation of ecosystem responses to rising atmospheric carbon dioxide[J]. BioScience, 54: 731-739.

MASCHLER J, BIALIC-MURPHY L, WAN J, et al, 2022. Link across ecological scales: Plant Biomass responses to elevated CO_2[J]. Global Change Biology, 28: 6115-6134.

MICALLEF B J, HASKINS K A, VANDERVEER P J, et al, 1995. Altered photosynthesis, flowering, and fruiting in transgenic tomato plants that have an increased capacity for sucrose synthesis[J]. Planta, 196: 327-334.

NORBY R J, WARREN J M, IVERSEN C M, et al, 2010. CO_2 enhancement of forest productivity constrained by limited nitrogen availability[J]. PNAS, 107: 19368-19373.

NORBY R J, ZAK D R, 2011. Ecological lessons from Free-Air CO_2 Enrichment (FACE) experiments[J]. Annual Review of Ecology, Evolution and Systematics, 42(1): 181-203.

PENDALL E, BRIDGHAM S, HANSON P J, 2004. Below-ground process responses to elevated

CO_2 and temperature: A discussion of observation, measurement methods, and models[J]. New Phytologist, 162: 311-322.

REICH P B, HOBBIE S E, LEE T, et al, 2006. Nitrogen limitation constrains sustainability of ecosystem response to CO_2[J]. Nature, 440: 922-925

SOUZA L, BELOTE R T, Kardol P, et al, 2010. CO_2 enrichment accelerates successional development of an understory plant community[J]. Journal of Plant Ecology, 3: 33-39.

TERRER C, VICCA S, STOCKER B D, et al, 2017. Ecosystem responses to elevated CO_2 governed by plant-soil interactions and the cost of nitrogen acquisition[J]. New Phytologist, 217: 507-522.

VENTER Z S, CRAMER M D, HAWKINS H J, 2018. Drivers of woody plant encroachment over Africa[J]. Nature communications, 9: 2272.

VON CAEMMERER S, QUICK W P, FURBANK R T, 2012. The Development of C_4 rice: current progress and future challenges[J]. Science, 336 (6089): 1671-1672.

WANG S, ZHANG Y G, JU W, et al, 2020. Recent global decline of CO_2 fertilization effects on vegetation photosynthesis[J] Science, 370: 1295-1300.

第五章 地表臭氧浓度升高的生态效应

随着工业化和城市化的加剧,过度排放的碳氢化合物、氮氧化物(NOx)以及挥发性有机化合物(VOCs)等一次污染物在太阳光下发生光化学反应,生成二次污染物臭氧(O_3)(图 5.1)。地表 O_3 具有强氧化性,可以对地球上的生命包括人类、动物、植物和微生物等产生严重危害。O_3 污染在世界各地均不同程度的出现,已成为全球性的环境问题。地表 O_3 不仅是空气污染物,它也是一种重要的温室气体,对地球辐射效应(气候系统辐射的收支变化)的贡献仅次于 CO_2 和 CH_4。除了作为温室气体的直接增温效应外,O_3 也能够通过降低生态系统 CO_2 吸收能力间接影响全球变化。随着地表 O_3 浓度升高,其间接对未来全球变暖的贡献大于其直接影响。地表 O_3 浓度升高不仅会导致植物生理生态过程发生变化,也对生态系统物质循环过程与服务功能具有重要影响(图 5.2)。

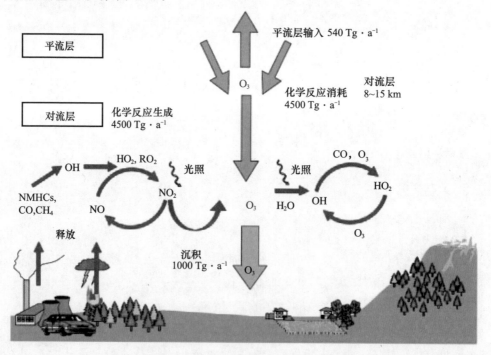

图 5.1 地表 O_3 源-库示意图(The Royal Society,2008)

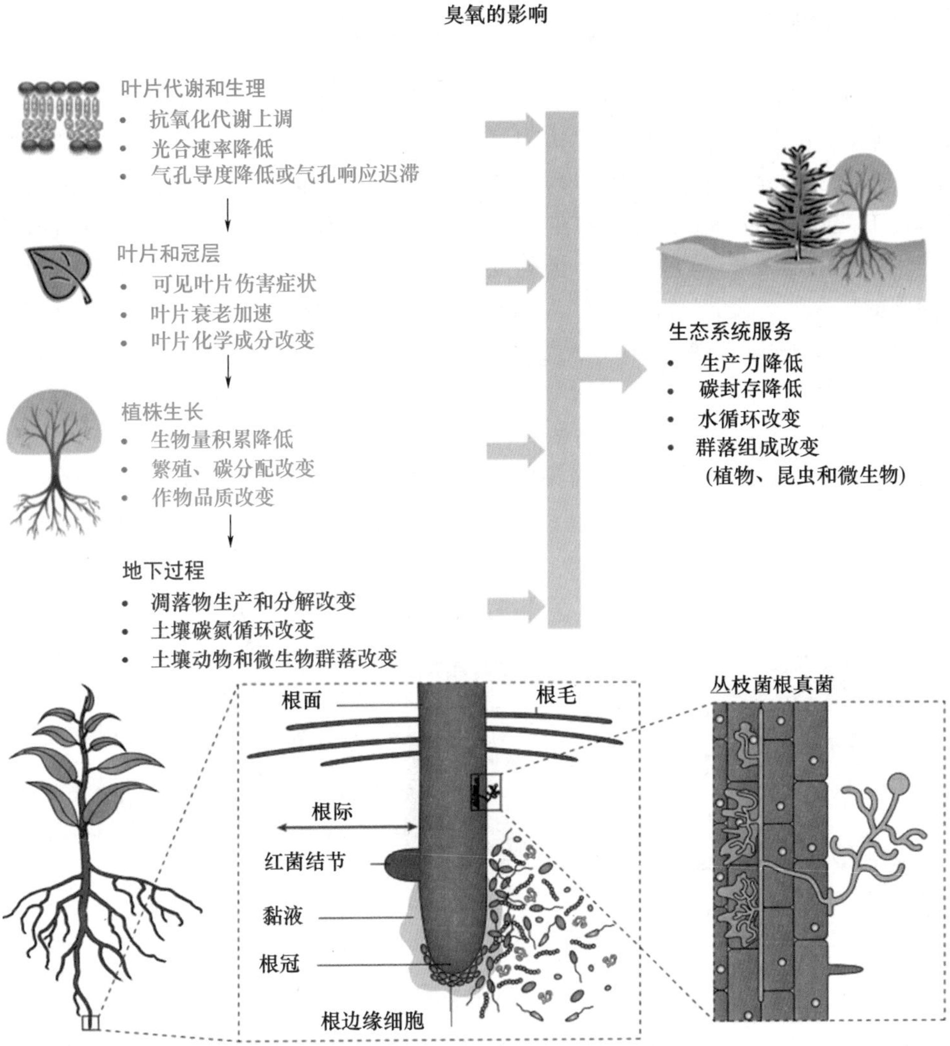

臭氧的影响

图 5.2　地表 O_3 浓度升高对植物地上部和地下部分的影响(冯兆忠 等,2021)

第一节　地表臭氧浓度升高对植物生理生态过程的影响

植物叶片是 O_3 危害的直接作用部位。高浓度 O_3 暴露会对植物抗氧化系统及光合和呼吸作用等生理代谢过程产生危害,也会改变叶片组织结构,导致叶片出现不同程度的 O_3 损伤症状,最终抑制植物生长。

一、地表臭氧浓度升高对植物影响的生理机制

自从 1958 年在美国加利福尼亚城市周边葡萄叶片首次报道高浓度 O_3 引起坏死病斑以来,学者们采用不同实验方法探讨了 O_3 浓度升高对植物生理生态过程的影响。在正常的外界条件下,植物体内的活性氧产生与清除处于一种动态平衡,以保持体内正常的代谢过程;而当植物在高 O_3 浓度胁迫条件下,植物细胞由于代谢受阻而产生大量的活性氧,这些氧化性极强的活性氧可氧化细胞膜,导致膜系统的损伤和细胞的伤害。

目前,研究发现高浓度的 O_3 主要通过三步对植物造成损害(图 5.3):①暴露:植物暴露在高浓度的 O_3 环境中;②吸收:O_3 主要通过叶片气孔进入植物;③生物效应:O_3 进入气孔后,形成强氧化性的活性氧,进而破坏细胞结构,导致植物的生理代谢紊乱,破坏抗氧化系统,从而加速叶片衰老、叶绿素降解、影响气孔开闭、减弱光合作用并且抑制其生长。

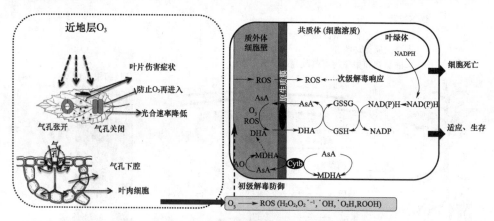

图 5.3　地表 O_3 浓度升高对植物影响的生理机制(高峰,2018)

内源抗氧化系统是植物氧化抗性的基础,能够有效清除 O_3 胁迫产生的活性分子及膜脂过氧化生成的有毒产物,有利于植物的逆境生存。植物体内的抗氧化物质主要分为两类:抗坏血酸、还原型谷胱甘肽等小分子类抗氧化物;以及催化这些还原物质参与反应、再生循环等过程的蛋白酶类如抗坏血酸过氧化物酶、谷胱甘肽还原酶等。

由于不同植物物种的气孔导度和抗氧化能力不同,因此,不同物种对 O_3 的敏感性也不尽相同。目前,关于判断植物的 O_3 敏感性,会考虑以下几方面:①气孔导度,通常耐受性的物种气孔导度相对较低,因为更高的气孔导度意味着植物有更高的 O_3 吸收通量;②植物的 O_3 敏感性与叶片的抗氧化能力有关,因为抗氧化剂和抗氧化酶参与了细胞修复过程;③植物的 O_3 敏感性与叶片形态特征有

关,例如,叶片形态指标比叶重(LMA)可以反映木本植物的O_3敏感性。这些叶片性状(叶片气孔导度、叶片抗氧能力和叶片形态等)共同决定了植物对O_3的敏感性。

二、地表臭氧浓度升高对植物叶片光合和呼吸作用的影响

目前,大量研究已经表明,O_3能够抑制植物叶片的光合碳同化速率,并且对不同植物,以及同一植物的不同生育期的光合敏感性差异也很大。例如,相比阔叶常绿树种,O_3对阔叶落叶树种的光合速率危害更大(Li et al.,2017)。

地表O_3浓度升高导致植物光合速率降低现象一般可由气孔限制和非气孔限制两类因子解释,其中涉及的主要途径包括(图 5.4):①O_3主要是通过气孔扩散进入植物叶片细胞间空隙,溶解于与细胞壁结合的水中,并经反应形成一系列的活性氧自由基攻击细胞膜,导致细胞膜部分破裂,同时细胞膜通过产生乙烯及茉莉酸等信号物质引起细胞内发生一系列的改变。作为一种应急机制,植物可能通过降低气孔导度来避免过多的O_3进入植物体内。但与此同时,进入植物体的CO_2浓度也会随之降低,进而导致净光合速率降低。②地表O_3浓度升高会破坏叶片光合的器官组织,降低叶片光合色素含量。O_3可以直接作用于叶绿体上,使得光合能力下降,加快叶片衰老,这将成为限制光合作用的非气孔因素之一。③在电子传递水平上,地表O_3浓

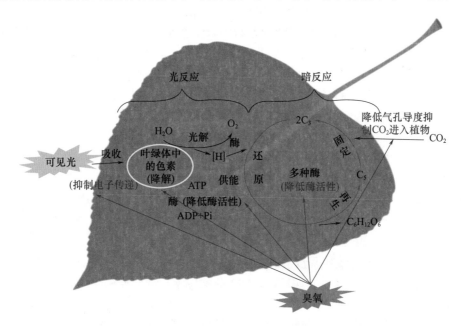

图 5.4　地表O_3浓度升高对植物光合作用的影响

度升高会促进叶片光系统Ⅱ反应中心蛋白的合成和分解，导致叶片光量子效率下降，降低叶片光系统Ⅱ电子传递速率。④地表O_3浓度升高能够降低植物光合过程相关酶的含量和活性。例如，核酮糖-1,5-二磷酸羧化酶（Rubisco酶）作为限制固定CO_2羧化过程中的关键酶，在光合作用的暗反应过程中起重要作用，而有研究表明O_3浓度升高可显著降低该酶的活性。

与光合作用不同，地表O_3浓度升高一方面可通过改变呼吸途径来刺激植物呼吸，另一方面则可通过改变植物膜透性和破坏线粒体结构进而抑制呼吸。地表O_3浓度升高引起叶片呼吸速率的变化与植物体内某些酶类活性以及一些代谢物质的累积量的改变有关。目前主要研究了两类植物呼吸相关酶对O_3浓度升高的响应：一是改变植物呼吸途径的酶类，例如，苯丙氨酸解氨酶（PAL）、磷酸烯醇式丙酮酸羧化酶（PEPC）等；二是改变植物呼吸作用末端氧化酶类，例如，抗坏血酸氧化酶（AAO）、多酚氧化酶（PPO）、乙醇酸氧化酶（GO）等。通常认为，低浓度O_3胁迫会刺激植物呼吸，而当O_3浓度超过植物叶片线粒体伤害阈值后，呼吸作用便会受到抑制（列淦文等，2014）。总体而言，地表O_3浓度升高对植物呼吸作用的影响比较复杂，相关机制仍待进一步探究。

三、地表臭氧浓度升高对植物叶片解剖结构的影响

O_3导致细胞遭受氧化胁迫，当氧化程度达到伤害阈值后，细胞超微结构发生变化（图5.5）。O_3暴露下，胼胝质在细胞壁与细胞膜之间积累，同时积累的单宁酸导致液泡密度增大，细胞质中大量晶体聚集，最终导致液泡膜破坏，细胞膨压降低。随着O_3暴露时间的延长，植物叶片栅栏组织细胞形态异常、细胞体积变小、胞间空隙变大、细胞壁变厚、质壁分离、细胞骨架支撑功能受损、细胞萎塌、胞内叶绿体数量及大小显著下降、液泡膜透性改变、液泡瓦解导致内含物质释放、细胞器形态异化、分解等。随着O_3暴露时间持续延长，叶片上表皮的坏死斑点变大、相互融合，最终伤害到海绵组织，形成两面坏死斑。

地表O_3浓度升高会引起植物细胞超微结构发生变化，通常先发生于可测定的叶片化学成分（例如光合色素）和生理症状（光合作用）的改变或者可观察到的叶片损伤，这可能是由于O_3造成的死亡细胞单个分散在栅栏叶肉细胞内或者以很小的团聚集在次气孔空腔内，因此，在宏观叶片水平上仍保持不可见的伤害。另外，O_3对叶片组织结构的影响与叶片受害程度和植物O_3敏感性紧密相关，较大的细胞间隙往往是一种抗污染特性。此外，叶片组织结构对O_3的响应存在种间差异性。叶片厚度也是衡量不同植物间O_3敏感性差异的重要因素。普遍认为，叶片厚度越大的植物对O_3敏感性越小，即抗性越大。通常可用单位叶面积的叶片重量（比叶重，LMA）来衡量叶片厚度。

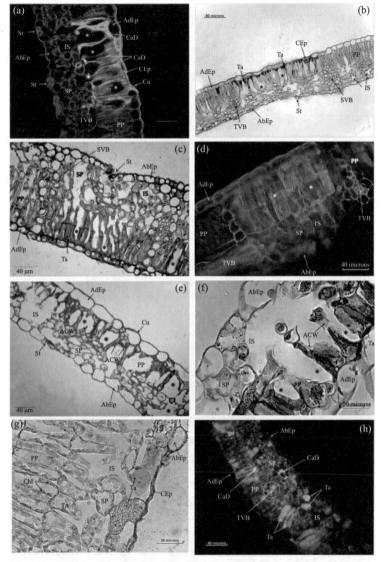

图 5.5　地表 O_3 浓度升高下不同植物的荧光显微照片（冯兆忠 等，2021）

（a）臭椿叶片荧光显微镜照片，苯胺蓝染色区域表示受伤害区域细胞壁内部结构发生塌陷、胼胝质发生沉积等；（b）臭椿叶片经番红固绿染色后的显微片，出现大量的塌陷及单宁等物质；（c）白蜡叶片经 FSA 三色染色后的照片，同样出现大量的塌陷及单宁等物质；（d）白蜡叶片荧光显微镜照片，受伤害的区域表示栅栏薄壁组织没有叶绿素等成分；（e）三球悬铃木经苯胺蓝染色荧光显微镜照片，组织/细胞空隙内观察到许多倒塌的细胞；（f）三球悬铃木叶片经 FSA 三色染色后的照片，受破坏的细胞壁内出现大量的塌陷及单宁等物质；（g）刺槐叶片经甲苯胺蓝染色后的照片，观察到塌陷的表皮；（h）刺槐叶片自发荧光显微图像，观察到许多单宁的产生

（AbEp：上表皮；ACW：细胞壁；AdEp：下表皮；CaD：胼胝质沉积；CEp：表皮塌陷；Chl：叶绿素；Cu：角质层；IS：细胞间隙；PP：栅栏组织；SP：海绵薄壁组织；St：气孔；SVB：次生维管束；Ta：单宁；TVB：第三维管束）

四、地表臭氧浓度升高对植物叶片的表观伤害症状

　　暴露在高 O_3 浓度下的敏感性植物通常会出现叶片可见伤害症状,典型的症状表现为叶片上表面的叶脉之间均匀地散布着形状、大小规则的细密点状缺绿斑;斑点通常呈黄/红褐色或棕色;叶脉和叶的下表面正常,无明显虫害和霉斑(图 5.6)。一般认为 O_3 首先危害叶片栅栏组织,使细胞质壁分离,细胞内含物受到破坏;如果继续暴露则叶片表皮坏死斑点变大,互相融合,最后伤害到海绵组织,形成坏死斑。根据叶片伤斑类型,O_3 伤害症状通常有以下四种:①叶片呈红棕、紫红或褐色;②叶表面变白或无色,严重时扩展到叶片背面;③叶子两面坏死,呈白色或橘红色,叶薄如纸;④褪绿,有的呈黄斑。由于叶受害变色,逐渐出现叶弯曲,叶缘和叶尖干枯而脱落。通常认为,叶片褪绿与叶肉细胞内叶绿素的降解过程相关;红棕色斑点的出现主要

图 5.6　典型的叶片 O_3 伤害症状(冯兆忠 等,2021)

(1)臭椿 *Ailanthus altissima*,(2)葎叶蛇葡萄 *Ampelopsis humulifolia*,(3)花曲柳 *Fraxinus rhynchophylla*,
(4)白皮松 *Pinus bungeana*,(5)刺槐 *Robinia pseudoacacia*,(6)木槿 *Hibiscus syriacus*,
(7)刀豆 *Canavalia gladiata*,(8)豇豆 *Vigna unguiculata*,(9)冬瓜 *Benincasa pruriens*,
(10)丝瓜 *Luffa cylindrica*,(11)西瓜 *Citrullus lanatus*,(12)葡萄 *Vitis vinifera*

是因为叶片抗氧化物质如花青素、单宁等的大量积累所致;黄化、衰老、脱落等过程可能受细胞程序性凋亡机制调控,其中涉及对某些信号分子的激活、抑制甚至阻断,并伴随着叶片脱落酸、乙烯等植物激素含量的迅速升高以及营养物质的大规模转移输出;叶片的组织坏死斑块则意味着细胞内细胞器等细胞组分的瓦解缺失,细胞正常功能的中断和崩溃。

　　叶片 O_3 损伤症状与其他生物或非生物因素引起的症状不同,且在不同功能性植物中也有所区别。阔叶植物 O_3 可见症状有如下特点:①中龄叶和老叶的 O_3 症状比新叶严重,且症状首先在老叶出现(叶龄效应);②叶片的阴影区域(如叶片重叠区域)通常不会出现 O_3 症状(阴影效应);③O_3 可见症状通常不会穿透叶片组织,大多情况出现在叶片上表面,典型症状表现为细小的紫红色、黄色或黑色斑点,且有时会随着 O_3 胁迫时间延长出现变红或变古铜色等变色现象;④斑点化甚至是变色仅发生在叶脉之间的区域,而不影响叶脉;⑤受损叶片衰老得更快,凋落得更快。针叶植物的 O_3 可见症状出现在树冠上半部分以及树枝和针叶的上表面,有以下主要特点:①最常见的 O_3 症状是出现褪绿斑点。此症状表现为叶片出现大小相似的黄色或浅绿色区域,且绿色和黄色区域之间没有明显的边界,每束针叶之间受损程度存在差异;②褪绿斑点通常仅发生在叶龄在两年及以上的老叶,随着针叶生长时间递增其症状可能会更严重(叶龄效应);③与针叶阴影区域相比,处于光照下的针叶区域的褪绿斑点症状更明显;④如果针叶互相紧簇在一起形成一个光滑面,那么斑点将更易形成(冯兆忠 等,2018a)。

　　在田间条件下,可见叶片 O_3 症状能够快速评估植物的 O_3 伤害情况,并能快速识别高 O_3 污染区域,这也是一种快速预测评估地表 O_3 对植物损害的简便方法。植物叶片 O_3 可见损伤已列入欧洲林业组织以及北美的一些森林健康监测项目中。观察植物 O_3 叶片可见损伤已成为一种重要的研究方法被用来确定 O_3 对植物有害的区域,评估不同物种对 O_3 污染的敏感性,筛选指示植物,以及在不同地区和城市进行 O_3 风险评估研究。

第二节　地表臭氧浓度升高对生态系统物质循环的影响

一、地表臭氧浓度升高对碳循环的影响

　　陆地生态系统碳循环是全球变化研究中的重要组成,目前已有大量研究探究 O_3 浓度升高对生态系统碳循环过程的影响,包括光合碳固定、光合产物分配和土壤碳循环等过程(图 5.7)。

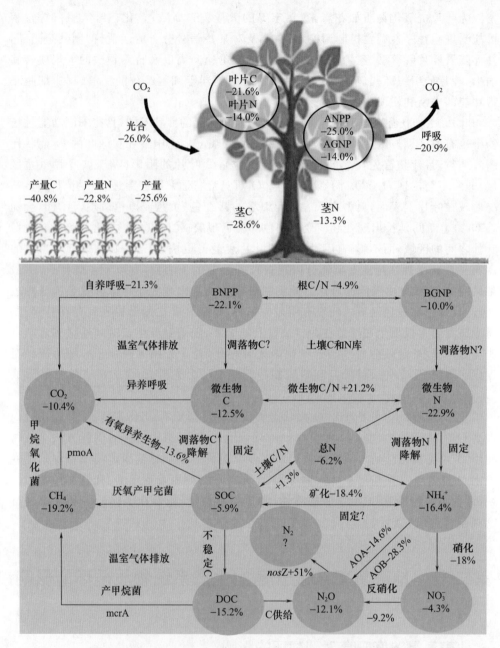

图 5.7 陆地生态系统碳、氮循环对地表 O_3 浓度升高响应的概念模型(Xia et al,2021)

("＋"表示 O_3 的正效应;"－"表示 O_3 的负效应;"?"表示 O_3 的影响目前还不确定)

ANPP,地上净初级生产力;BNPP,地下净初级生产力;AGNP,地上氮库;

BGNP,地下氮库;SOC,土壤有机碳;DOC,可溶性有机碳

地表 O_3 浓度升高能够降低植物叶片的光合速率和固碳能力,抑制植物的生长。在植物生长发育过程中扮演重要角色的非结构碳水化合物等植物碳库,例如蔗糖和淀粉,表现出与光合速率一致的响应。同时,地表 O_3 浓度升高显著降低了植株碳同化物向根系的分配(图 5.8),例如,在一项控制实验中发现地表 O_3 浓度升高对杨树根生物量的影响比地上生物量影响更大(Shang et al.,2017)。地表 O_3 浓度升高也会降低植物根系的延伸速率、根长、根系数量等,其原因主要有:①植物叶片光合作用能力降低,光合产物输出受阻。地表 O_3 可能直接的作用于韧皮部组织,降低同化物向外运输的能力,进而导致同化物在叶片中的累积,对光合作用产生负反馈。例如,O_3 能够破坏参与韧皮形成的敏感蛋白质(如蔗糖转移蛋白),对一些植物种类的韧皮部形成能够产生直接影响,并导致蔗糖优先分配到较近的器官,抑制向远距离碳汇(根)的输送。②O_3 直接作用于植物叶片导致叶片的损伤并破坏光合作用,而植物本身存在一个自我修复机制,会利用更多的碳来修补叶片的损伤和维持光合作用,这样就会减少用于根生长的碳,并降低了根的碳分配。此外,O_3 导致膜脂过氧化以及叶肉细胞等组织伤害和抗氧化系统的增强,增加了叶片对同化物的需求;O_3 胁迫降低叶片厚度,增大栅栏组织和海绵组织的比率,提高过氧化物酶体和线粒体的数量;O_3 胁迫诱导叶片细胞产生了如绿原酸、黄酮类物质等与抗氧化胁迫相关的次生代谢物质。

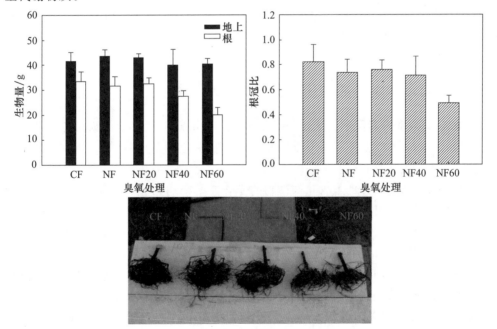

图 5.8　地表 O_3 浓度升高对植物生物量分配的影响(Shang et al.,2017)

(CF,过滤 O_3 处理;NF,环境 O_3 处理;NF20,NF+20 ppb O_3;NF40,NF+40 ppb O_3;NF60,NF+60 ppb O_3)

植物分配更多的代谢产物到叶片是一种抵御 O_3 胁迫的策略,进而导致长期生长在高 O_3 浓度下的植物根冠比降低。根冠比的改变又会进一步抑制植物对水分的利用和养分的吸收,从而加剧 O_3 的不利影响。地表 O_3 浓度升高能够减少植物同化物向根中的分配,改变植物根系分泌物向土壤的输入。根系分泌物可为土壤微生物提供碳源和能量,对于根际土壤的大多数微生物活动而言,水溶性分泌物的扩散是主要的碳源。一方面,地表 O_3 浓度升高抑制了根系活性及对养分的吸收能力,植物组分碳、氮、磷等元素含量及分配发生变化,影响微生物碳利用效率。另一方面,地表 O_3 浓度升高后,植物向土壤供给的凋落物减少,并且凋落物的组成成分和分解速率发生了改变。有研究发现,高 O_3 浓度下凋落物中的非结构性碳水化合物含量降低,氮、纤维素和木质素的含量升高,凋落物输入量和组成的改变对其在土壤中的降解过程产生了影响,并进一步影响到土壤微生物的碳底物质量和土壤养分循环过程。

因此,地表 O_3 浓度升高主要通过影响植物的生理代谢、生物量积累和元素分配间接影响土壤微生物生物量、酶活性以及微生物的群落结构及多样性,进而通过微生物影响到土壤碳循环过程。目前,地表 O_3 浓度升高对地下生态过程影响的研究多集中在农田生态系统,仅有少部分研究涉及森林或草地生态系统。例如,一项 O_3 浓度升高对水稻根系生长和呼吸影响的研究表明, O_3 处理下水稻根系呼吸从中后期高于对照。由于凋落物种类、化学成分、分解者种群、土壤和大气环境条件的不同,以及地下生态系统的复杂性, O_3 浓度升高对地下生态过程的影响还没有被充分认识并且存在很大争议,也很难准确量化 O_3 对陆地生态系统每个过程及功能的影响,需要之后更多研究的不断优化完善。

二、地表臭氧浓度升高对生态系统氮循环的影响

地表 O_3 浓度升高能够影响植物对氮的吸收和分配,进而影响植物对氮的利用效率。同时,地表 O_3 浓度升高还可以间接影响土壤微生物以及一些氮代谢酶的活性来调控土壤中氮循环过程(图 5.7)。

通常认为植物叶片的氮含量与植物的光合速率密切相关,主要是由于叶片氮含量与叶片叶绿素以及 Rubicso 酶等含量有关。关于地表 O_3 浓度升高对植物叶片氮含量影响的研究没有统一的结论。一些研究发现地表 O_3 浓度升高能够刺激叶片中氮含量升高,认为可能的原因是植物为了增强其防御能力,增加植物叶片内的抗氧化物质,改变氮在叶片中的分配格局进而影响作物的光合作用。为了应对 O_3 胁迫,植物重新活化氨基酸,以提供能量和抗氧化剂来应对 O_3 的负面影响,地表 O_3 浓度升高也促使植物体内以氮为基础的次生代谢物质的含量。相反地,也有研究发现地表 O_3 浓度升高能够显著降低叶片中的氮含量,认为可能与 O_3 抑制 Rubisco 酶的合成有关,也可能是由于 O_3 显著的抑制了植物根系生长。由于叶片氮含量与一些重

要生态过程相关,例如,植物光合固碳、凋落物分解等过程,地表 O_3 浓度升高通过改变植物叶片氮含量也将会间接影响这些过程。

与碳循环相似,O_3 通过影响植物根系分泌物和凋落物,间接影响土壤氮循环相关的微生物,进而影响土壤氮循环过程(图 5.9)。土壤 N_2O 排放主要是在微生物参与下,通过土壤硝化和反硝化作用及植物自身的氮代谢过程产生的。研究表明,地表 O_3 浓度升高具有降低农田土壤固氮、反硝化和氮矿化相关功能基因丰度,也降低了 N_2O 累积排放的趋势,但受不同作物类型或品种、O_3 浓度、水分状况和植物覆盖程度等因素制约。总体来看,目前关于 O_3 对生态系统氮循环的研究较少,并且 O_3 对植物氮代谢相关的很多过程还存在争议,尚没有明确的结论。

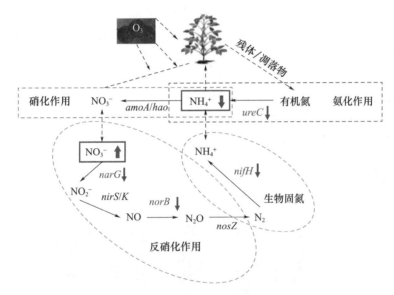

图 5.9　地表 O_3 浓度升高对土壤氮循环过程和功能微生物的影响(He et al.,2014)

三、地表臭氧浓度升高对生态系统水循环的影响

地表 O_3 浓度升高对生态系统水循环的研究较少,目前仅有个别研究关注 O_3 对植物叶片尺度蒸腾作用以及水分利用效率(WUE)的影响。O_3 浓度升高影响植物的气孔行为,改变植物蒸腾过程和植物水分利用策略。O_3 对植物叶片蒸腾速率的影响主要取决于气孔导度,也与环境条件的变化有关,因此 O_3 胁迫下蒸腾速率的变化同样受土壤水分含量、叶片温度、空气中的水汽压亏缺值和 O_3 熏蒸浓度/累积时间等方面的影响。Li 等(2017)整合了中国地区 O_3 升高处理对木本植物叶片蒸腾速率的影响,发现地表 O_3 浓度升高显著降低了木本植物的蒸腾速率,并且植物蒸腾速率对 O_3 的响应也存在着显著的物种差异。其中,地表 O_3 浓度升高引起阔叶落叶物种蒸腾速

率降低程度比常绿阔叶物种多,温带树种蒸腾速率降低程度比亚热带树种多。然而,随着 O_3 处理时间的增加,地表 O_3 浓度升高对敏感性树种的蒸腾速率没有持续降低,甚至在高浓度处理下叶片蒸腾速率反而升高。目前 O_3 对植物蒸腾速率升高的机制主要包含两种假设:①地表 O_3 浓度升高导致植物乙烯释放增加,降低了气孔保卫细胞对脱落酸(ABA)的响应;②O_3 导致了夜间气孔导度升高,因此,在高浓度 O_3 处理下具有高的蒸腾速率。地表 O_3 浓度升高导致气孔控制迟缓,增加蒸腾,也会降低地表径流,进而影响区域的水循环过程。

提高 WUE 有助于增加单位耗水能力下的碳固定量。地表 O_3 浓度升高通过影响净光合速率和气孔导度进而改变了植物 WUE。通常,在 O_3 胁迫下植物叶片具有保守的水分利用策略,叶片的水分耗散与其固碳能力存在权衡关系。因此,O_3 导致光合速率降低的同时,也会下调蒸腾速率,以实现固定单位碳下的耗水量最小。目前关于 O_3 对植物 WUE 的影响结论仍然存在争议性。多数研究证实高浓度 O_3 降低了植物 WUE;WUE 降低的主要原因是 O_3 导致的光合速率下降幅度大于气孔导度减少幅度,因此,光合与气孔呈现解耦合关系。高 O_3 浓度也会导致气孔控制失灵,光合与气孔变化不一致,最终使得水分利用效率下降。例如,Li 等(2021)利用同位素和气体交换两种方式表征杨树等树种的 WUE,发现高 O_3 浓度处理都显著地降低了植物的 WUE(图 5.10)。

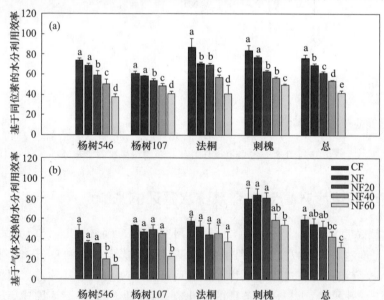

图 5.10 地表 O_3 浓度升高对不同树种基于同位素的水分
利用效率(a)和基于气体交换的水分利用效率(b)的影响(Li et al.,2021)

(CF,活性炭过滤处理;NF,环境 O_3 处理;NF20,NF+20 ppb O_3 处理;NF40,NF+40 ppb O_3 处理;
NF60,NF+60 ppb O_3 处理。不同字母代表了 O_3 处理之间的显著性差异)

第三节　地表臭氧浓度升高对生态系统服务的影响

一、地表臭氧浓度升高对森林生产力的影响

地表 O_3 对森林生态系统的影响是通过光合作用、碳在源库中的运输和分配等过程进行。O_3 导致树木生物量降低的原因有：首先，O_3 胁迫造成叶片气孔部分关闭，抵御 O_3 进入细胞的同时也降低了光合底物 CO_2 的摄入，从而引起光合速率下降。其次，进入植物体内的 O_3 会破坏叶肉细胞及光合作用系统，且植物在解毒修复过程中对碳的需求增大，从而减少了植物叶片同化物向其他营养器官的转移，导致非叶器官（茎和根）的碳固定能力下降；O_3 胁迫还会加快老叶的衰老，将其储藏物质以补偿性方式转移供给新叶生长，进一步抑制了茎和侧枝的生长。不同的林木类型对 O_3 的敏感性不同，通常落叶树种比常绿树种对 O_3 更敏感，阔叶树种比针叶树种对 O_3 更敏感，另外，O_3 对幼树和成年树木的影响也有显著差别。

二、地表臭氧浓度升高对粮食生产的影响

由于地表 O_3 浓度升高能够影响叶片光合作用，进而能够影响作物生长和产量形成。O_3 污染主要集中在春夏季，与主要农作物（如水稻、小麦和夏玉米）的生长季重合，因此，会导致作物减产。作物的减产通常由光合作用能力降低和供应繁殖器官生长发育以及种子形成所需营养物质的吸收能力降低所致。从产量构成角度看，作物产量同时由籽粒重、粒数和穗数等共同决定。不同产量构成因子对 O_3 的敏感性从大到小在不同作物中是不同的，如 O_3 主要造成小麦和大豆单个籽粒重量降低，但造成水稻籽粒数降低（图 5.11）。O_3 胁迫下作物籽粒灌浆物质来源不足，灌浆速率下降，从而使籽粒长、宽、厚和体积缩小，库容变小，最终导致籽粒不饱满，充实度降低。从生理性状看，小麦幼穗形成期受到 O_3 胁迫时，其功能叶组织受损、Rubisco 酶含量和活性降低、光合作用能力下降以及光合产物运转受阻，使得穗轴变短、花粉母细胞分裂受阻、花粉粒败育和结实小花数减少，这些成为作物减产的重要原因。不同作物类型对 O_3 胁迫的敏感性不同。另外，O_3 敏感性还受作物生育期的影响，不同生育期作物的 O_3 敏感性也不同。

地表 O_3 也会影响作物籽粒品质，包括籽粒中的蛋白质、氨基酸、淀粉、粗脂肪以及营养元素等的含量。地表 O_3 改变作物品质的机制主要包括浓缩效应（即粮食总产量的下降幅度大于植物对养分的吸收）和早衰（即作物的生育期被提前，可促进营养物质向穗部转移，从而使其更容易在籽粒中沉积）。由于涉及粮

食安全问题,地表 O_3 升高对作物产量以及品质的负面影响已经得到全球的高度
关注。

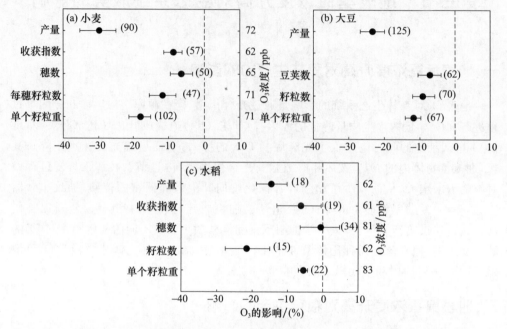

图 5.11　O_3 对主要农作物产量及其组成的影响,括号内数字表示用于
整合分析的数据量。大豆 O_3 浓度数据原文中没有记录(Feng et al.,
2009;Morgan et al.,2003;Ainsworth,2008)

三、地表臭氧浓度升高对生物多样性的影响

地表 O_3 浓度升高不仅仅影响植物个体的生长,也影响了整个生态系统生物多样
性(图 5.12),其原因包括:①由于不同植物对 O_3 的敏感性存在差异,地表 O_3 浓度升
高可以引起物种组成、冠层结构改变,影响生态系统种群均匀度和丰富度,威胁生态
系统多样性。②地表 O_3 能够通过影响植物的次生代谢过程改变植物叶片中的次生
代谢物,进而改变植物叶片化学组成成分以及化学信息物质,并且也会改变植物叶
片挥发性有机化合物(BVOCs)的释放,影响植食性动物的食用,最终影响植食性动
物的多样性。③地表 O_3 浓度升高可以通过改变植物体内碳素分配和根系分泌物的
组成和数量,进而影响土壤微生物的结构、遗传和功能多样性。地表 O_3 浓度升高对
微生物群落结构和活性的影响会导致植株营养、植物竞争和物种组成的改变。有研
究表明,地表 O_3 浓度升高降低了森林土壤真菌和细菌的多样性,且抑制效果存在物
种间的差异。

图 5.12　地表 O_3 浓度升高对生态系统生物多样性影响（Agathokleou et al.，2020）

（Ⅰ）落叶阔叶树种比常绿阔叶树和针叶树种更敏感；（Ⅱ）O_3 能够减少植物物种的丰富度并改变群落组成；
（Ⅲ）O_3 减少了森林生态系统中昆虫物种的丰度，但并未降低物种的丰富度；（Ⅳ）O_3 和 OH 与 VOC 反应，
从而阻碍植物与传粉媒介的交流；（Ⅴ）O_3 抑制异戊二烯的排放，增加耐性和常绿树种的单萜排放，减小
叶的大小，引起叶片过早成熟，从而（Ⅵ）增加植物对昆虫和病原体的敏感性；（Ⅶ）O_3 引起叶片中酚类
化合物的积累，抵御昆虫（从而降低昆虫的丰度），增加昆虫的死亡率，并抑制昆虫体重的增长；
（Ⅷ）O_3 改变叶片的化学组分，从而阻碍了昆虫的产卵
（a）和（b）分别表示低 O_3 和高 O_3 污染水平下生态系统过程

第四节　生态系统对地表臭氧浓度升高的适应与反馈

一、生态系统对地表 O_3 浓度升高的适应

植物对 O_3 胁迫也具有适应和抵抗能力，植物主要借助三种策略适应高 O_3 浓度

环境:①形态抗性,以 LMA 为主要衡量指标。已有科研人员于不同地区对不同植物或者同种植物不同基因型进行了研究,发现对 O_3 有抗性的物种都具有较大的比叶重,意味着单位面积有更多的化合物累积,这样就会有更多的储备物质用于解毒 O_3。②生理抗性,O_3 胁迫能够引起植物气孔导度的降低,进而减少 O_3 进入植物体内,是植物逃避性的生理响应机制。但也会出现气孔滞后效应,主要是由于随着 O_3 胁迫的时间增长,气孔关闭响应会出现滞后甚至失灵的现象,使得气孔防御失效,从而大量的 O_3 进入到细胞间隙。③生化抗性,进入细胞的 O_3 诱导了植物的抗氧化系统清除活性氧,启动植物解毒和修复的非气孔防御响应。为了避免活性氧可能造成的植物伤害,植物体内的抗氧化酶和抗氧化物质共同构成了活性氧清除系统。基于细胞及亚细胞的一种防御机制,主要是合成一些氧化还原代谢物质或者抗氧化酶类清除 O_3 和其氧化后形成的 ROS。质外体抗氧化物质是 O_3 进入叶片后抵御的第一道防线,其含量高低与 O_3 伤害成反比。一旦活性氧的累积量超过了植物的解毒防御阈值,整个防御的系统崩溃,从而导致细胞程序性的死亡,植物叶片将表现出来明显的伤害症状,叶片也会提前衰老脱落。

特定的 O_3 抗性与植物适应策略有密切的关系,不同基因型对 O_3 的敏感性差别不仅与其地理起源有关,而且随着生长速率的变化而变化。很多研究表明,在 O_3 胁迫下,生长速率较快的植物种类比生长缓慢的植物更加敏感。不同物种对 O_3 敏感性的差异还取决于其生殖策略,因为生殖策略限制了植物对 O_3 伤害的补偿能力。

二、生态系统对地表臭氧浓度升高的反馈

高浓度 O_3 不仅可以引起叶片损伤、抑制生长,还可以影响植物次生代谢产物生物源挥发性有机化合物(BVOCs)的合成和释放。BVOCs 是大气 O_3 及其他二次污染物如过氧乙酸硝酸酯、醛类、酮类、过氧化氢、二次有机气溶胶及悬浮颗粒物的重要前体物。因此,高浓度 O_3 对植物 BVOCs 的影响能够对大气环境产生反馈影响。同时,BVOCs 也作为植物应对外界胁迫或压力的重要防御手段,叶片释放的 VOCs(主要有异戊二烯和单帖)可以与细胞内的 O_3 或活性氧物质(ROS)发生反应,消除 ROS 物质,从而减少细胞膜脂过氧化过程,保护植物光合器官免受 O_3 的伤害。

不同 O_3 暴露持续时间下,O_3 对植物 BVOCs 的释放也不同,通常认为急性 O_3 熏蒸在一定程度上可以刺激植物叶片异戊二烯和单帖的释放。并且不同的 O_3 暴露浓度对植物 BVOCs 释放的影响不同,最近有学者提出 BVOCs 应对 O_3 胁迫的响应可能遵循"毒物兴奋效应"模式,即低剂量刺激 BVOCs 释放,当 O_3 累积剂量超过一定阈值,BVOCs 合成受阻,从而抑制 BVOCs 释放。此外,不同植被类型以及植物叶片不同的生长阶段 BVOCs 释放对 O_3 的响应也是不同的,常绿植物 BVOCs 的释放更易受 O_3 胁迫的刺激,并且 O_3 胁迫更易改变 O_3 敏感型植物 BVOCs 释放(冯兆忠

等,2018b)。

地表O_3浓度升高也可以通过影响植物的光合作用、同化产物向地下根系的分配、改变根系分泌物量与化学成分,进而影响农田土壤微生物群落、酶活性以及生态系统碳氮循环过程(如土壤矿化、硝化和反硝化过程),直接或间接改变农田生态系统温室气体的排放通量,进而对区域空气质量产生反馈影响。例如,Tang等(2015)的研究表明,地表O_3浓度升高抑制了土壤CH_4排放,这主要是由于产CH_4菌可利用有机底物逐渐减少所致。这种影响受O_3浓度、植物类型以及作物品种、生长阶段、植物覆盖程度、水肥管理措施和气象因素的制约,其结果仍存在较大争议。

复习思考题

1. 简述地表O_3浓度升高对植物生理过程的影响,并列举植物对应的适应策略。

2. 论述地表O_3浓度升高对生态系统物质循环过程的影响,并列举对哪些过程的影响目前还认识不够,展望未来需要进一步加强的相关研究。

3. 通过对本章的学习,思考如何缓解O_3对生态系统带来的负面影响,试列举一些可能的措施或努力的方向,并说明其潜在的机制。

参考文献

冯兆忠,彭金龙,Calatayud V,等,2018a. 中国植物臭氧可见症状的鉴定[M]. 北京:中国环境出版集团.

冯兆忠,袁相洋,2018b. 臭氧浓度升高对植物源挥发性有机化合物(BVOCs)影响的研究进展[J]. 环境科学,39:5257-5265.

冯兆忠,李品,袁相洋,等,2021. 中国地表臭氧污染及其生态环境效应[M]. 北京:高等教育出版社.

高峰,2018. 臭氧污染和干旱胁迫对杨树幼苗生长的影响机制研究[D]. 北京:中国科学院大学.

列淦文,叶龙华,薛立,2014. 臭氧胁迫对植物主要生理功能的影响[J]. 生态学报,34(2):294-306.

AINSWORTH E A,2008. Rice production in a changing climate: a meta-analysis of responses to elevated carbon dioxide and elevated ozone concentration[J]. Global Change Biology,14:1642-1650.

AGATHOKLEOUS A,FENG Z Z,OKSANEN E,et al,2020. Ozone affects plant, insect, and soil microbial communities: A threat to terrestrial ecosystems and biodiversity[J]. Science Advances, 6: eabc1176.

FENG Z Z, KOBAYASHI K, WANG X K, et al, 2009. A meta-analysis of responses of wheat yield formationto elevated ozone concentration[J]. Chinese Science Bulletin, 54:249-255.

HE Z, XIONG J, KENT A D, et al, 2014. Distinct responses of soil microbial communities to elevated CO_2 and O_3 in a soybean agro-ecosystem[J]. Isme Journal, 8: 714-726.

LI P, FENG Z, CATALAYUD V, et al, 2017. A meta-analysis on growth, physiological, and biochemical responses of woody species to ground-level ozone highlights the role of plant functional types[J]. Plant Cell Environ, 40:2369-2380.

LI P, FENG Z Z, SHANG B, et al, 2021. Combining carbon and oxygen isotopic signatures to identify ozone-induced declines in tree water-use efficiency[J]. Tree Physiology, 41: 2234-2244.

MORGAN P B, AINSWORTH E A, LONG S P, 2003. How does elevated ozone impact soybean? A meta-analysis of photosynthesis, growth and yield[J]. Plant, Cell and Environment, 26: 1317-1328.

SHANG B, FENG Z Z, LI P, et al, 2017. Ozone exposure-and flux-based response relationships with photosynthesis, leaf morphology and biomass in two poplar clones[J]. Science of the Total Environment, 603-604: 185-195.

Tang H, Liu G, Zhu J, et al, 2015. Effects of elevated ozone concentration on CH_4 and N_2O emission from paddy soil under fully open-air field conditions[J]. Global Change Biology, 21(4): 1727-1736.

THE ROYAL SOCIETY, 2008. Ground-level ozone in the 21st century: future trends, impacts and policy implications[R]. Science Policy Report 15/08. The Royal Society, London.

XIA L L, LAM S K, KIESE R, et al, 2021. Elevated CO_2 negates O_3 impacts on terrestrial carbon and nitrogen cycles[J]. One Earth, 4: 1-12.

第六章 氮沉降的生态效应

氮素是重要的生命元素,是蛋白质、维生素和核酸(DNA)的重要组成部分。并且氮素也是陆地生态系统中最为关键的限制性营养元素,植物生长通常受到土壤氮有效性的限制。随着人类对能源和食物需求的持续增长,工业和交通运输中大量使用化石燃料、农业中大量使用化肥以及畜牧业的扩张,向大气中排放的含氮化合物(NH_x 和 NO_y)激增,这些含氮化合物经过风、雨、雪的转运又沉降到生态系统,使得全球大气氮沉降量急剧增加。氮沉降也被认为是全球变化的主要组成部分,主要包括氮氧化物(NO_y)、氧化亚氮(N_2O)、氨气(NH_3)、硫酸铵及硝酸铵粒子的干沉降和溶解性铵根及硝酸根离子化合物以及少量的可溶性有机氮的湿沉降。人类在20世纪将大气氮沉降增加了3~5倍,预计到21世纪末,全球氮沉降率将继续增加2.5倍甚至更多。氮沉降增加显著改变了陆地生态系统的结构和功能,已成为全球变化生态学研究的核心内容之一(图6.1)。

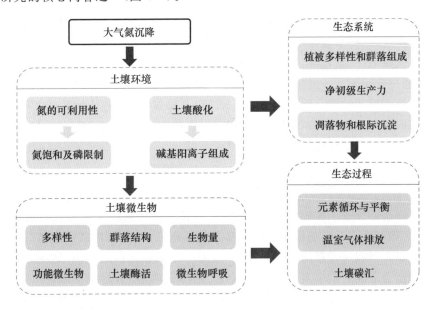

图 6.1 陆地生态系统氮沉降生态效应示意图(付伟 等,2020)

第一节　氮沉降对植物生理生态过程的影响

氮是植物生长中必需的元素,随着氮沉降的增加,土壤中可利用的氮以及植物氮的积累必然也会增加,会对植物的生理过程产生影响。适度增加土壤有效氮可被作为肥料来促进植物的碳同化能力和植物的生长,但一旦氮水平超过临界值,可能就会对植物产生负作用。

一、氮沉降对植物氮代谢的影响

生长在高氮沉降下的植物可以大量吸收土壤中的有效氮,引起氮在植物体内的累积,导致氮代谢发生变化。通常,高氮输入能够引起植物总蛋白以及可溶性蛋白的增加,也会以游离氨基酸的形式贮存多余的氮,尤其是精氨酸浓度显著升高,主要由于精氨酸比其他氨基酸有更高的氮碳比,能更有效地贮存多余的氮。然而,叶片中精氨酸浓度增加与植物营养失衡有关,而谷氨酸浓度增加则表示植物的营养状况改善。叶片精氨酸浓度在一定程度上可被用于评判氮沉降是否达到毒害水平。游离氨基酸在植物体内累积也会干扰细胞内的许多生化过程,从而对植物产生毒害作用。此外,也有研究发现大量氮的输入也会引起叶片中多胺(腐胺、亚精胺和精胺)浓度增加。细胞内的多胺带有净正电荷,与植物的胁迫响应密切相关,会对植物的生长发育产生影响(李德军 等,2004)。

高氮沉降地区,植物除了通过根系大量吸收氮外,也通过冠层吸收很大一部分氮,主要通过叶片气孔。通常,根系主要吸收硝态氮(NO_3^-)和铵态氮(NH_4^+),而叶片主要吸收 NH_3 和 NO_2,也会吸收一部分 NO_3^- 和 NH_4^+。进入叶片的 NH_3 与细胞液作用形成 NH_4^+,过量的 NH_4^+ 对植物有毒害作用,主要由于 NH_4^+ 会使光合作用解偶联或者改变细胞环境的酸碱平衡。

二、氮沉降对植物营养状况的影响

氮沉降增加改变了植物的氮代谢过程,引起植物对氮的大量吸收,也会造成其他养分的"稀释效应",影响植物组织中养分的平衡。一方面,在氮沉降高的地区,植物通过根系和树冠对过量的氮进行吸收,从而引起氮在体内的累积;另一方面,过量的氮沉降也会造成土壤中多余的氮以 NO_3^- 的形式淋溶,引起 Mg^{2+}、K^+、Ca^{2+} 作为 NO_3^- 的电荷平衡离子从土壤中淋失,导致土壤库中盐基离子量减少。同时氮沉降引起土壤中的 NH_4^+ 增加,而许多植物对 NH_4^+ 有优先吸收的特性,NH_4^+ 的存在会抑制植物对 Mg^{2+}、K^+、Ca^{2+} 的吸收。氮沉降也会引起土壤中 Al^{3+} 离子的溶出增加,诱导铝胁迫产生。由于铝的毒性而抑制了植物的生长并增加了根系死亡,并且由于铝拮抗作用抑制植物对其他阳离子及磷的吸收。在氮沉降下,植物叶片氮的增加,但钾、钙和镁等浓度的减少,使得导致氮与钾、钙和镁的化学计量比也增加,在高氮沉降下植物的养分平衡被改变,这可能会限制光合能力和植物生长,进一步导致植被衰退。

　　有研究结果表明,氮沉降对叶面营养状况的影响因陆地生态系统类型而异(图6.2,Mao et al.,2020)。氮沉降对草地植物叶片氮浓度的影响明显大于森林,对草本植物叶片的氮浓度的影响明显大于木本植物。这是因为不同生长形态植物氮素利用效率不同,在氮沉降下,木本植物的氮素利用效率要高于草本植物。与木本植物相比,草本植物通常具有较小的身材和较短的叶片寿命,伴随着通过凋落物分解更快地释放养分,这可能会增加土壤肥力,使植物能够快速获得养分,从而降低它们对养分添加的反应。此外,氮沉降对植物营养状态的影响也因非生物因素而异。例如,土壤 pH 值能够改变氮沉降对营养元素浓度的影响,长期氮沉降会导致土壤酸化,因此,生长在酸性土壤中的植物对氮沉降会更敏感,这也与酸性环境中微生物活动和凋落物分解过程有关。

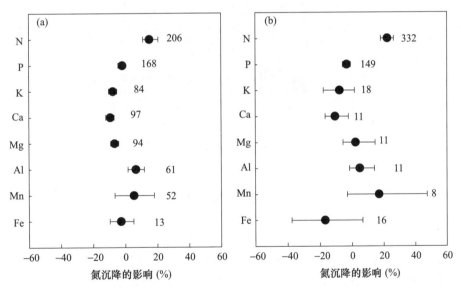

图 6.2　氮沉降对森林生态系统(a)和草地生态系统(b)叶片营养的影响(Mao et al.,2020)

三、氮沉降对植物光合和呼吸作用的影响

　　植物叶片中一半以上的氮被用于光合作用,因此,土壤氮有效性对植物光合作用具有显著影响。氮沉降对植物光合作用影响途径主要包括改变叶片中的光合色素含量和改变与光合作用相关酶的浓度和活性(图6.3)。研究发现,氮输入量对植

物光合作用的影响存在"阈值效应"。在一定的范围内,氮沉降增加能够增加核酮糖-1,5-二磷酸羧化酶(Rubisco)的浓度和活性及叶绿素含量,从而增加了叶片光合速率。但过多大气氮沉降输入,将导致植物体内氮的积累,植物的叶氮浓度明显增加,进而改变植物氮代谢进程,打破体内元素平衡。这对光合的相关过程及糖类合成是不利的,从而对光合作用产生负面的影响。例如,氮沉降能够间接引起叶片营养失衡,叶片如果缺乏镁等元素时,叶绿素的形成受阻;尽管随着叶片氮含量的增加,Rubisco 的含量相应增加,但植物并不会将多余的 Rubisco 参与光合作用,而是作为叶片氮的贮存形式,并且可利用性氮越丰富,以 Rubisco 形式贮存的氮将越多。此外,草地生态系统中氮营养的增强也伴随着植物的自我荫蔽,也会抵消氮沉降对植物光合速率的正效应。

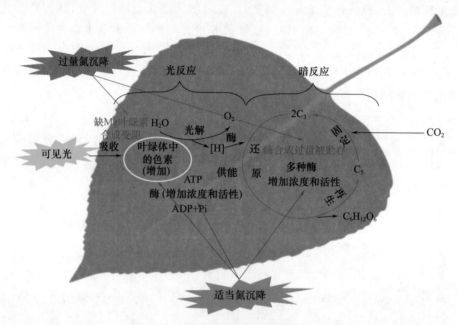

图 6.3　氮沉降对植物光合作用的影响

植物呼吸作用也与植物的氮含量相关。氮沉降引起植物组织氮含量增加,通常会刺激植物的呼吸作用。由于组织中蛋白质含量增加,细胞中蛋白质的修复和更新所需的能量占维持性呼吸的 20%～60%。此外,大气氮沉降也能导致叶片盐基离子含量下降,从而刺激植物呼吸作用。例如,叶片细胞中钙离子亏缺会破坏膜结构的完整性,从而引起呼吸速率的增强。

四、氮沉降对植物抗逆性的影响

氮沉降增加使得叶片中氮浓度增加,当叶片中氮浓度超过临界值,植物对环境胁迫的敏感性增加,不同植物的临界值不同。通常认为过量的氮会损害植物的抗冻能力,主要由于氮沉降会引起植物营养失衡而扰乱体内代谢过程,并降低抗冻力。例如,氮沉降引起细胞内的钙,尤其膜结合的钙含量减少使得植物不能顺利完成抗寒锻炼。另外,氮沉降也能够通过改变植物的生物物候特性。例如,发芽期提早或者生长期延长,从而使植物遭受冷、冻害损伤的概率增加。氮沉降会引起植物根冠比降低和细根的生长减缓,进而引起植物获取水分的能力下降,对干旱的敏感性增加。

此外,氮沉降的增加使得植物遭受真菌病原体侵染的概率增加。对于病原体微生物来讲,氨基酸是一种易消化的氮源。由于富氮条件下叶片中氨基酸浓度增加,这会引起病原体繁殖加速或引起更多种类的病原体侵染。氮沉降下植物营养失衡也会引起植物对病毒抵抗力下降。植物组织中氮含量的增加也会引起植食性动物的取食强度增加,由于植食性动物如昆虫对叶片或者芽的取食强度与这些组织的适口性有关,而氮是植物组织适口性的主要决定因素。氮浓度增加,同时植物组织中一些防御植食性动物取食的次生代谢物质(如酚类物质和单宁等)的浓度下降。

第二节　氮沉降对生态系统物质循环过程的影响

目前,人类活动干扰下的大气氮沉降已成为全球氮素生物地球化学循环的重要组成部分,也是全球变化的重要驱动因子。大气氮沉降增加改变了生态系统氮循环模式和进程,加剧了氮循环的速率,并通过耦合效应驱动其他物质循环(如碳、水等)发生改变。

一、氮沉降对生态系统碳循环的影响

活性氮化合物的累积能够影响到陆地生态系统地上净初级生产力和土壤有机质的分解过程,因而影响到生态系统的碳循环过程,改变碳源汇功能。氮沉降通过影响植被碳库和土壤碳库进而影响生态系统碳循环过程(鲁显楷 等,2019)(图6.4)。氮沉降通过改变植物的光合作用和呼吸作用的强弱,来调节植物体作为生物碳库的净碳固存,同时又可通过影响植物体产生凋落物的生物量大小及凋落物质量(包括地上部分凋落物及根系凋落物),调节进入土壤碳库的碳输入量。此外,氮沉降还影响土壤微生物群落与活性,从而控制着土壤碳库中各种碳组分间的转化(如有机碳的分解矿化、土壤呼吸等),并与淋溶等其他生态过程共同调节着土壤碳库储量。

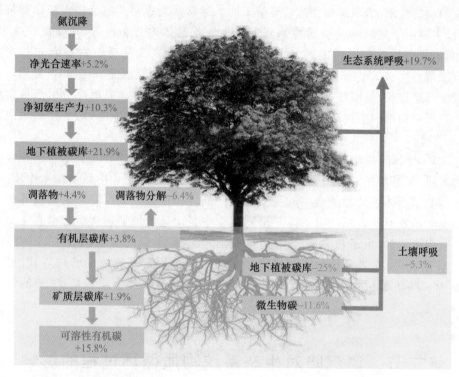

图 6.4 氮沉降对中国陆地生态系统碳通量和碳库影响的评估（Chen et al., 2015）

1. 氮沉降对植被碳库的影响

氮沉降会促进植物的光合速率，因此，也会增加生态系统的初级生产力。氮沉降对生态系统生产力的影响程度受多种因素的影响，主要表现在：①氮沉降对森林净初级生产力或植物生长的影响与氮沉降量存在非线性关系。过多的氮含量可以通过影响初级生产力来抑制碳的吸收，这就是所谓的"氮饱和假说"。在氮饱和的生态系统中进一步添加氮素将抑制植物的生长。②不同生态系统和功能类群对氮沉降响应的敏感程度有所差异。通常次生林树木的生长一般比原始林敏感，草本植物比木本植物敏感。富氮的生态系统和氮限制生态系统对氮沉降的响应也不同，例如，Chen 等（2015）研究发现，氮沉降显著增加了亚热带森林、温带森林和草原等氮限制系统中的地上植物碳库，但对富氮的生态系统中植被碳库没有影响。③植物生长对氮沉降的响应因植物个体大小或生长阶段不同而不同。有研究发现，不同高度的树木对氮沉降的响应有明显不同，较低树木的生长对氮沉降无显著响应，较高树木在氮处理下胸径生长显著加速，但树木越高，这种加速作用则下降。

氮素除了能够对生态系统的碳库产生重要影响外，其对光合作用产物在植被体内的分配也有重要影响。通常认为，氮沉降对地上部分的生长有促进作用，而在一些生态系统中不利于植物根系的生长。在氮沉降增加时,植物从土壤中获取营养较容易,植物对根系的碳投入也会减少,这是植物地上组织(叶片)和地下组织(根系)之间碳权衡的结果。此外,氮沉降增加能够导致土壤酸化,从而通过直接导致根系死亡而减少根系生物量。不同生态系统地上植被碳和地下植被碳分配对氮沉降的响应也不同,通常草地生态系统较森林生态系统更敏感。

2. 氮沉降对土壤碳库的影响

通常认为,氮沉降可通过刺激植物生长和凋落物产生,进而增加土壤碳库的输入。然而,在某些情况下,氮沉降刺激土壤碳输入但并不会增加土壤碳库储量,这是由于氮沉降促进凋落物降解和腐殖质分解等过程,增加了土壤碳输出过程,从而影响土壤碳储存(图6.4)。因此,氮沉降对土壤碳库的影响是复杂多变的。氮沉降可以通过减少植物凋落物和土壤有机质的分解、抑制土壤呼吸或改变微生物酶活性来增加土壤碳的固存。例如,Lu等(2021)在热带森林中的研究发现,长期氮沉降增加了土壤碳储量主要由于碳输出通量的减少;一项整合分析的结果也显示,氮沉降通过增加土壤“新”碳的输入以及减少土壤“旧”碳的分解来增加土壤碳的储存(Huang et al.,2020)。相反,也有研究显示氮沉降不会影响土壤碳固存,甚至可以通过刺激氮转化相关的微生物呼吸而消耗土壤碳库。例如,一项整合分析结果表明,尽管氮沉降显著增加了地上碳储量和土壤有机质输入,但并没有显著增加森林或草原中的土壤碳储量(Lu et al.,2011a)。

(1)氮沉降对凋落物的影响

凋落物是植物产生的枯落物或有机碎屑,植物体以产生凋落物的形式将营养返还到土壤表面,而凋落物在微生物分解的作用下,向环境中释放植物可吸收利用的营养。氮沉降会改变凋落物的数量和质量,影响土壤的微环境,改变土壤养分的有效性。氮沉降可以提高生态系统的土壤氮有效性,影响其生产力和碳循环过程,并造成影响凋落物分解的因子发生改变,进而影响凋落物分解(图6.5)。目前,氮沉降对凋落物分解速率的研究结果尚不一致,有促进、抑制和无显著影响。同时也有学者提出,氮沉降对凋落物分解的影响具有阶段性,在初期促进其分解,而后期反而受到高氮量的抑制作用。氮沉降对凋落物分解的影响主要通过影响其分解过程,如改变分解速率、分解难易程度等。直接途径表现为氮沉降使土壤中含氮物质增加,促进了微生物氨基酸合成,生长和繁殖能力加快,但氮饱和情况下,氮沉降会改变土壤理化性质,使微生物最适生长条件发生变化,进而表现出抑制作用;间接途径则主要表现为氮沉降改变微生物酶活性来影响凋落物分解。

凋落物质量是氮沉降调控凋落物分解过程的重要影响因素,目前存在两种完全相反的假说。一种假说认为,氮沉降影响凋落物分解主要是通过改变凋落物化学计量比,即氮沉降使凋落物碳氮比(C/N)降低,会促进凋落物分解;另一种假说的依据是能量分配原理,即微生物通过分解易分解碳源获得能量,进而分解木质素等难分解有机物,以此来获得氮源。如果外界的氮已经满足了微生物需要,微生物用来分解难分解物质的投资就会降低,进而抑制凋落物分解。

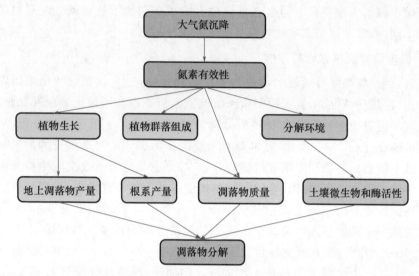

图 6.5　氮沉降对凋落物分解的影响(杨丽丽 等,2017)

(2)氮沉降对土壤呼吸的影响

氮沉降引起土壤微生物和植物根系的生理生态过程发生变化,会直接影响到土壤呼吸作用。森林土壤呼吸是 CO_2 进入大气的重要过程,由于森林类型、环境条件和氮沉降持续时间不同,森林土壤呼吸对氮沉降的响应包括促进作用、抑制作用和无影响(图 6.6)。例如,一项在中国北方森林长期氮沉降模拟实验的结果显示,短期氮沉降刺激了土壤呼吸,而长期氮沉降对土壤呼吸有抑制作用(Xing et al.,2022)。Xiao 等(2020)进行的整合分析结果表明,低氮沉降刺激了土壤呼吸,而高氮沉降抑制了土壤呼吸,这是由于细根生物量的降低。下面以森林为例介绍氮沉降对土壤呼吸影响的主要可能的机制。

氮沉降促进 CO_2 排放主要由于氮输入可提高植物生产力,增加凋落物量及其分解速度,进而促进土壤 CO_2 的排放。此外,氮输入量可增加土壤微生物量,并增强其活性,加速土壤有机物分解,促进森林土壤 CO_2 的排放。也有观点认为,氮沉降可增加植物对氮的吸收利用,降低凋落物中木质素的 C/N 比,较低 C/N 比的木质素易被分解,从而增加了土壤 CO_2 排放量。在相对贫氮系统中,氮沉降刺激植物光合作用,增加细根生物量,以获取更多的营养元素和水分,从而显著提高了该森林土壤自养呼吸能力。

氮沉降对森林土壤 CO_2 排放也存在不显著的影响,这是因为土壤中易被微生物

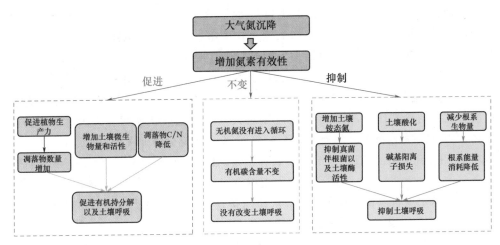

图 6.6　氮沉降对土壤呼吸的影响

利用的碳也是土壤微生物对氮沉降固持的一个关键因素,而森林土壤碳含量在一定程度上决定着土壤总氮矿化和净有机氮固持量。在土壤有机碳含量不变的情况下,施氮不会明显增加土壤 CO_2 排放。另一种解释是施加的氮以无机形式存在土壤中,没有真正进入系统循环过程,对土壤 CO_2 排放没有影响。

更多的研究结果显示,氮输入改变土壤氮状况后,氮沉降会表现出对土壤 CO_2 排放的抑制作用。长期氮沉降增加了土壤铵态氮含量,土壤中真菌、伴根生菌、各种生化酶以及与有机质分解有关的酶数量及活性都会受到 NH_4^+ 的抑制,从而减少土壤 CO_2 排放。土壤呼吸对氮沉降的响应同样受到土壤酸化作用的显著影响。氮沉降引起的土壤酸化一方面提高了土壤中 H^+ 的浓度,另一方面使得碱基阳离子 Ca^{2+}、Mg^{2+} 和 K^+ 流失,Al^{3+} 和 Mn^{2+} 浓度升高,增加了植物根系和土壤微生物的环境压力,进而对土壤呼吸产生抑制作用。也有人提出,在氮限制的生态系统中,植物根系呼吸产生的能量绝大部分被用于氮素的吸收。当系统中氮素含量增加后,更多的有效氮可以被植物吸收利用,根吸收氮素所需要消耗的能量就会减少,根的呼吸作用就会随之降低。而在氮饱和的生态系统中,长期过量的氮输入可减少根系生物量,降低土壤微生物量及活性,减缓凋落物分解速率,进而抑制森林土壤 CO_2 的排放。

(3)氮沉降对土壤 CH_4 通量的影响

一般认为,森林土壤是大气 CH_4 的汇,氮沉降对土壤 CH_4 的氧化及产生过程均有不同程度的影响。氮沉降引起的土壤 NH_4^+ 硝化细菌与 CH_4 氧化菌的竞争以及酸化环境下 Al^{3+} 的毒害作用可能引起 CH_4 吸收通量的减少。氮沉降抑制森林土壤 CH_4 吸收速率的程度与系统本身的氮状态正相关。另外,氮沉降对土壤 CH_4 吸收的影响与森林类型密切相关,阔叶林比针叶林更为敏感,原因是阔叶林中凋落物分解速率较快、土壤中留存了更多的有效氮。氮沉降可通过增加硝化细菌数量抑制土壤中特别是有机质层中 CH_4 氧化菌的生长及活性,这是因为 CH_4 氧化菌在氧化 CH_4 时和硝化细菌氧化 NH_4^+ 时需要相同的微生物酶参与,因此,氮沉降对土壤 CH_4 吸收的抑制作用是两者对酶竞争的结果。同时,NH_4^+ 被氧化过程中产生的 NO_2^- 会对 CH_4 氧化菌产生毒害作用,从而减少森林土壤对大气 CH_4 的氧化吸收。另一种解释是,氮沉降可增加土壤中的 NO_3^- 浓度,NO_3^- 及与 NO_3^- 结合的阳离子都对 CH_4 氧化菌有直接的毒害作用,限制了森林土壤对大气 CH_4 的氧化能力。关于氮沉降抑制森林土壤 CH_4 吸收有更多的解释,例如,氮沉降可降低土壤 pH 值,较低 pH 条件下不利于 CH_4 氧化菌的活性;氮沉降使森林土壤 Al_3^+ 浓度增加,Al_3^+ 对 CH_4 氧化细菌的毒害作用非常明显;氮沉降可以增加土壤有机质量,增加了 CH_4 生成的反应底物,提高了森林土壤自身的 CH_4 生产量,从而间接地减少了其对大气 CH_4 的吸收;在氮受限制的森林中,氮沉降可增加细根生物量,减少土壤空隙度,从而减少大气 CH_4 向土壤表层扩散的量,使土壤吸收 CH_4 的能力下降等。

也有研究显示氮沉降对土壤吸收 CH_4 影响不显著,这主要与土壤本身氮状况有关(Xia et al.,2020)。土壤氮含量较低时,增加氮输入不会明显影响土壤对 CH_4 的吸收,原因是输入的氮主要被植物根系所吸收利用,土壤中有效氮未达一定阈值(氮饱和)之前,氮沉降不会表现出限制土壤对大气 CH_4 的吸收。也有解释认为 NH_4^+ 浓度的增加会促进土壤中氨氧化细菌(主要是硝化细菌)的数量的增加,在一定条件下,氨氧化细菌也能氧化大气 CH_4,抵消了 NH_4^+ 对甲烷营养菌活性的限制作用。

二、氮沉降对生态系统氮循环过程的影响

氮沉降增加会改变生态系统氮的输入和输出过程,还会影响氮在生态系统内部的周转。相关整合分析研究表明,氮沉降引起的生态系统氮循环的最大变化是增加了土壤无机氮淋失(461%)、土壤 NO_3^- 含量(429%)、硝化作用(154%)、N_2O 排放(134%)和反硝化过程(84%)。氮沉降还显著增加了土壤 NH_4^+ 浓度(47%),以及地下植物氮库(53%)和地上植物氮库(44%)、叶片氮库(24%)、凋落物氮库(24%)和可溶性有机氮(21%)。有机质层(6.1%)和矿质层土壤(6.2%)的总氮含量随着氮的沉降而略有增加。然而,氮沉降导致微生物生物量氮减少了 5.8%(图 6.7;Lu et al.,2011b)。

1. 氮沉降对植物氮库的影响

氮沉降对土壤理化性质的改变也将影响植物对氮素的吸收利用。通常认为,氮沉降提高了植物和凋落物中的氮库存,这可归因于植物生物量和植物体内氮含量的增加。氮沉降对不同生态系统中氮累积的影响程度也存在差异,通常草地生态系统比森林生态系统对氮沉降的响应更为敏感。此外,氮沉降也能够影响植物对养分的重吸收,进而影响凋落物的分解和养分的循环。通常认为,由于氮沉降提高了土壤氮素的可利用性,从而可降低植物叶片氮的重吸收效率。

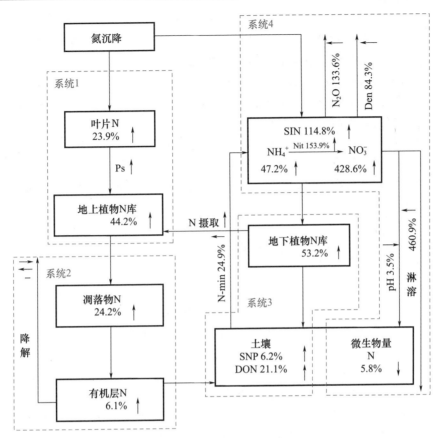

图 6.7 生态系统氮循环对氮沉降响应的概念框架(Lu et al.,2011b)。
(Ps:光合作用;SIN:土壤无机氮;N-min:净氮矿化;Nit:硝化过程;Den:反硝化过程;SNP:
土壤氮库;DON:可溶性有机氮)

2. 氮沉降对土壤氮库的影响

(1)氮沉降对土壤氮输入的影响

氮沉降增加已经对自然生态系统的固氮能力产生了显著影响。氮沉降增加会增加生态系统氮的输入,但外源氮输入对植被固氮产生抑制作用。氮沉降抑制森林固氮的潜在机理有:①通过增加森林土壤有效氮的含量而减弱固氮菌的竞争优势;②通过加剧土壤其他养分(如磷等)的流失进而制约生物固氮的过程,氮沉降导致土壤酸化和磷的进一步淋溶流失,进而加剧土壤磷限制,不利于固氮微生物的生长繁殖和生物固氮所需能量的合成;③通过改变固氮附生植物和结瘤植物的氮素获取方式,从而减少对固氮菌的能量分配,进一步降低森林的固氮量。

大气氮沉降增加造成了生态系统氮富集,加速了土壤氮矿化速率,很有可能会增加土壤矿质氮的含量。土壤矿质氮含量增加通过改变凋落物分解的微观环境,即土壤养分水平和微生物分解者群落,以及改变凋落物自身的初始质量来影响凋落物的分解速率。以下几种机制可以解释植物凋落物质量和氮对植物凋落物分解的影响。第一种机制是分解过程通过植物凋落物和微生物资源需求之间的化学计量来确定,分解速率通常随着 C/N 比的降低而增加。基于这一理论,氮沉降可以通过调节其 C/N 比,特别是对于北方森林低品质凋落物种如杉木等,从而提高植物凋落物分解速率。第二种机制与"微生物氮矿化"假说有关,土壤中某些微生物利用不稳定的碳源来分解较为稳定的有机物质,从而获得自身生长发育所需的氮。如果土壤中的矿质氮满足微生物对氮的需求,则微生物将减少对较为稳定的有机化合物分解的资源投入。在这种情况下,氮沉降预计减少植物凋落物分解,特别是对于高质量的凋落物而言。

(2)氮沉降对土壤氮素转化的影响

氮沉降增加可以改变土壤氮素转化过程,包括氮的矿化、硝化作用、反硝化作用和氮固持。陆地生态系统中土壤氮循环的特点是由植物和土壤微生物参与的各种氮转化过程和通量。氮沉降可以显著改变土壤的氮转化速率,但其影响程度取决于氮沉降的类型和强度、植被类型差异以及区域气候与土壤条件。Cheng 等(2020)进行的整合分析表明,在富含碳的有机层土壤中,氮沉降提高了土壤总氮矿化、硝化和微生物 NO_3^- 固定率,但降低了总微生物 NH_4^+ 固定率。相反,在贫碳矿质层土壤中,除了增加总硝化速率外,氮沉降不会改变总氮转化率(图 6.8)。

氮沉降对生态系统中氮矿化的影响与土壤氮的有效性有关。在氮限制的生态系统中,氮沉降通常通过降低土壤碳氮比、增加微生物活性和土壤碳的可利用性来刺激氮矿化,氮沉降可提高土壤有机氮的矿化作用,进一步加剧土壤无机氮的积累。然而,过量的氮输入可能通过增强土壤有机质的稳定性和抑制腐殖质降解酶的活性来降低土壤氮的矿化;如果添加的氮不足以引起土壤碳、土壤氮、土壤碳氮比和微生物丰度的显著变化,氮沉降对土壤氮矿化可能没有影响。

土壤硝化作用对氮沉降的响应主要取决于生态系统的地理位置、土壤的理化性质、植被类型以及土壤中 NH_4^+ 库的大小。一项全球范围内的整合分析研究表明,氮沉降显著提高了土壤中可溶性有机氮含量(21%),促进了微生物的硝化作用,使土壤 NO_3^- 浓度大幅度升高(Lu et al.,2011b)。硝化作用的增加可能是由于氮沉降下增加土壤 NH_4^+ 浓度和降低土壤 C/N 比值所致。此外,氮沉降加剧了土壤的酸化,显著影响了氨氧化微生物的活性和组成,进而影响硝化作用,也有研究发现长期氮沉降也可能降低土壤硝化作用。

氮沉降下的凋落物输入和土壤 NO_3^- 浓度的增加也可能直接导致反硝化作用增强。土壤无机氮和有机氮的积累,可以缓解土壤微生物的氮限制,促进土壤生态系统的反硝化过程。氮沉降增加极有可能通过改变有机碳含量和质量对反硝化作用不同环节产生差异影响。同时,氮沉降也会影响土壤可利用性磷含量以及氮磷比而间接影响反硝化功能基因丰度。

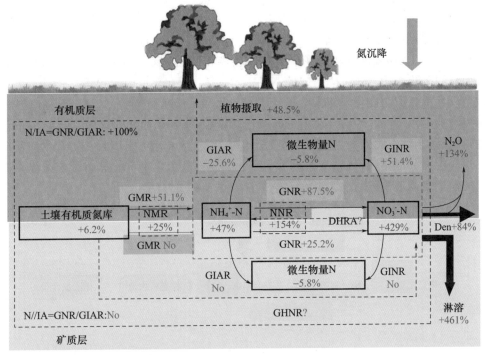

图 6.8　生态系统氮库和土壤氮转化过程对氮沉降的响应(Cheng et al. ,2020)

(GMR:总矿化速率;GNR:总硝化速率;GIAR:总 NH_4^+ 固定速率;GINR:总 NO_3^- 固定速率;

N/IA:土壤总硝化与总 NH_4^+ 固定速率之比;NMR:净矿化速率;NNR:净硝化速率;GHNR:总异养硝化速率;

GANR:总自养硝化速率;DNRA:异化 NO_3^- 还原为 NH_4^+;Den:反硝化;"+"表示对氮沉降的响应是

增加的;"—"表示对氮沉降的响应是减少的;"?"表示目前没有足够的研究;No 表示氮沉降没有显著影响)

这些氮转化过程主要是由微生物驱动的,氮沉降的增加势必会引起氮循环相关微生物群落结构的变化。氮素转化过程的关键的编码酶相关基因,如用于固氮的 nifH 基因、用于矿化作用的 chiA 基因、用于氨氧化作用的古菌(AOA)和细菌(AOB)的 amoA 基因和反硝化作用的 narG、nirS、nirK 和 nosZ 基因丰度势必随着氮沉降的增加而改变(图 6.9)。氮限制土壤中,氮素的增加为微生物基本代谢和生长提供了营养和能量而使得基因丰度增加,而高氮沉降最终会导致土壤酸化,氮循环基因丰度的降低。不同的氮循环基因对氮沉降响应的敏感性不同,参与氮循环的不同微生物功能类群对氮沉降的响应存在明显差异。研究发现氨氧化细菌 AOBamoA 和固氮菌 nifH 基因丰度对氮反应最敏感,其次是 nirS 和 nosZ 基因,其他基因对氮沉降响应并不显著。一项整合分析发现,全球尺度上,氮沉降导致土壤 AOA 和 AOB 群落平均丰度分别增加了 27% 和 326%,AOB 群落丰度对氮沉降的响应比

AOA 群落丰度更敏感,可能是因为高活性氮浓度不利于 AOA 的生长,该研究还指出,氮沉降增加主要通过增加 AOB 的丰度而增强土壤硝化潜能,但在不同生态系统中,AOA 和 AOB 对硝化作用的贡献存在较大差异(Carey et al.,2016)。研究表明,酸性土壤中,氨氧化微生物群落结构也是影响硝化作用的重要因素。长期氮沉降可通过改变微生物群落结构,选择适应酸性环境和低底物浓度的氨氧化微生物类群,进而影响硝化作用。氮沉降引起的 NH_4^+ 和 NO_3^- 等在环境中的积累,一方面,可以缓解以无机氮作为能量来源或电子受体的硝化和反硝化微生物的氮限制,使得其丰富度增加;另一方面,因为环境中氮有效性的增加,降低了植物对固氮微生物的依赖性,会导致土壤中固氮微生物丰富度的下降。考虑到相关功能基因在氨氧化和反硝化过程中的关键作用,可推测即使微小的土壤氮含量变化也可能显著影响微生物参与的土壤氮循环过程。

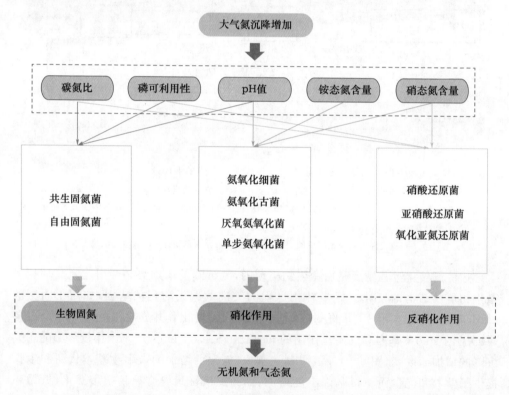

图 6.9 大气氮沉降对土壤微生物氮循环过程的概念框架图(陈洁 等,2020)

(3)氮沉降对氮损失的影响

过量的氮输入会改变生态系统的氮状况,使生态系统由"氮限制"状态变成"氮饱和"状态,氮饱和会导致氮循环的速率增加和来自根区的 NO_3^- 的损失、土壤和地表水酸化、植物营养不平衡,甚至在某些情况下,会造成植被衰退。氮沉积影响的大小在很大程度上取决于人为氮输入的大小,即生态系统初始氮状态和氮输入的历史和形式。土壤中过量的 NO_3^- 和 NH_4^+ 无法快速地被微生物和植物吸收同化,使得大量的含氮化合物通过淋溶作用从土壤中流失。例如,在 Lu 等(2011b)进行的整合分析表明,氮沉降下无机氮的平均淋溶量增加了 461%;而 Templer 等(2012)通过整合 ^{15}N 同位素示踪文献,发现在氮沉降下氮在土壤中的滞留时间显著减少,进一步表明氮沉降加剧了土壤中氮的淋溶。

土壤氮流失的另一个重要途径是经由微生物的硝化和反硝化作用以气态形式流失(张炜 等,2008)。很多研究表明,氮循环功能微生物对氮沉降非常敏感,氮沉降往往导致硝化及反硝化作用增强。因此,在全球尺度上大气氮沉降会加速土壤中的氮转化过程,使得大气 N_2O 浓度持续升高,并且 N_2O 排放量与土壤温度和水分间有较为显著的相关性。在氮限制的土壤中,根系与微生物间对氮素存在激烈的竞争,随着外加氮的输入,可被硝化细菌和反硝化细菌利用的有效氮(NH_4^+-N 和 NO_3^--N)增加,作为硝化和反硝化过程的反应底物增多,必将增强土壤硝化、反硝化作用,从而增加森林土壤 N_2O 的排放。 N_2O 通量不仅与土壤硝化、反硝化速率有关,还与土壤自身氮状况和 C/N 比有关。较低 C/N 比的土壤,外部输入的氮被转化为 N_2O 排出的比例就高,长期氮沉降可降低森林土壤的 C/N 比,土壤 N_2O 排放量呈上升趋势。此外, N_2O 通量还与氮的矿化速率有关,氮沉降可以提高一些植物的分解速度,增加氮的矿化速度,且产生的氮很快作为硝化细菌和反硝化细菌的反应底物被转化为 N_2O 排出。

三、氮沉降对生态系统水循环的影响

目前关于氮沉降对生态系统水循环的研究很有限,认识还不够深入。氮沉降通过改变土壤氮素组成与含量,影响植被的生理生化特征,改变植物水力结构,进而影响植物水分关系,间接改变森林蒸散和水文循环过程,通过反馈机制影响生态系统结构和功能。木本植物水力性状的变化也会影响植物在环境胁迫下的生存和抵抗力,特别是干旱。水力结构影响木本植物的大小、形式和种群密度的异速生长,从而影响植物生长和陆地生态系统碳汇。对于植物水力性状,Zhang 等(2018)研究表明,氮沉降显著增加了植物导管直径、茎水力导度和水力导度损失 50% 对应的水势(P50),而显著降低了叶片水势。氮沉降对导管密度、叶和根的水力导度和茎的水势几乎没有影响(图 6.10)。

此外,氮沉降能够通过改变植物的净生产力和蒸腾作用显著影响植物水分利用效率,影响程度因植物叶龄、叶形态(例如比叶面积)和植物环境条件而异。Zhang 等(2018)进行的整合分析表明,氮沉降显著升高了净光合速率而对气孔导度没有影响,进而增加了植物的水分利用效率。也有研究发现,氮沉降提高了土壤中的氮素可获性,增加了植物地上和地下部分的生物量,冠层郁闭度和叶面积指数相应升高,蒸腾耗水随之升高,水分利用效率降低。

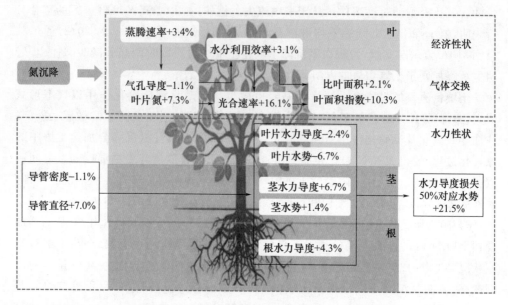

图 6.10 叶片经济性状、气体交换和水力性状对氮沉降的响应(Zhang et al.,2018)

第三节 氮沉降对生态系统服务的影响

一、氮沉降对生态系统生产力的影响

从全球尺度来看,氮沉降对不同植物物种生长通常表现出刺激效应,且不同生态系统和功能类群对氮沉降响应的敏感程度不同。大部分陆地生态系统受到土壤氮可利用性的限制,使得地上净初级生产力对大气氮沉降表现出普遍的积极响应。一项全球范围内的整合分析研究表明,除了荒漠生态系统,温带森林、温带草原、热带森林、热带草原、湿地以及苔原生态系统的地上净初级生产力对氮沉降均表现出积极响应。相较于群落总体响应的一致性,在物种水平植物对大气氮沉降的响应具有显著的物种特异性,并受环境因子(如光照、温度和土壤酸度)以及菌根共生状况的影响。同时,氮沉降对森林净初级生产力(NPP)或植物生长的影响也因氮沉降强度而异,具有非线性关系。

研究表明,生态系统净初级生产力和氮循环过程对不同氮输入水平的响应存在阶段性,即在初始氮水平较低的生态系统中,植物生长主要受到可用性氮含量的限制,而土壤中的非共生微生物主要受碳(或能量)的限制。在氮输入持续增加直到氮饱和之前,大部分输入的氮被植物体吸收,而很少被土壤微生物固持。因此,植物的净初级生产力表现出增加的趋势。然而,当系统达到氮饱和后,输入的氮多数被土壤固持或经淋溶损失,植物吸收量逐渐减少,同时,土壤中的菌根真菌消耗植物体内的碳水化合物作为能量以固持输入的氮,从而造成植物净初级生产力的逐渐下降。在大气氮沉降增加的情况下,不同森林类型由氮限制生态系统向氮饱和生态系统转变,但不同生态系统转变的速率是不相同的。

二、氮沉降对生物多样性的影响

大气氮沉降引起的活性氮在生态系统中的累积被认为是全球生物多样性的重要威胁之一。大量的氮沉降试验和生态调查研究均显示,氮沉降往往导致植物多样性的丧失。关于氮沉降对多样性影响的机制主要包括:①活性氮化合物在生态系统中的累积改变了物种间的相互作用关系,例如环境中氮的累积会引起喜氮物种在群落中的快速生长,获得相对竞争优势;②光竞争导致物种多样性降低,氮沉降减少了低层植物的光合有效辐射,减少其物种丰富度;③氮沉降可以引起土壤酸化,改变土壤碱基阳离子的组成,土壤中金属活化,Mn^{2+} 和 Al^{3+} 对植物产生毒害作用,进而影响地上植物群落组成。总体上,地上植被对大气氮沉降的响应主要由活性氮的积累驱动,其响应程度主要取决于三个方面:①氮沉降速率、持续时间和氮的输入形式;②不同植物物种对氮的内在敏感性;③非生物环境条件(如气候条件和土壤肥力特征等)。

长期氮沉降会改变森林生态系统林下层物种组成,但改变的程度依赖于森林类型、功能类群以及氮状态等因素。北方针叶林所在气候带温度低,土壤养分供应相对不足,植被生长季短,理论上对大气氮沉降响应较为敏感;温带森林因为靠近人类的活动区,大气氮沉降量相对较高,因此,受影响的程度也较高;热带雨林有着最高的植物多样性,但其多为磷限制型生态系统,理论上对氮沉降响应不敏感。与林下层植物相比,乔木植物对环境因素的响应较慢,所以已有研究主要集中在林下层植物多样性的响应上。草地土壤养分相对贫乏,历史氮沉降量比较低,加上放牧和刈割所造成的营养物质流失,使得草地生态系统明显受到养分供给限制,因此,即使是较低水平的长期氮沉降,也可能引起土壤的富营养化和酸化对草地生态系统植物多样性带来负面影响。大量活性氮的累积可以通过直接毒性、土壤酸化、营养失衡以及改变种间竞争等途径影响植物的多样性。苔原生态系统分布于极地和高山生态系统中,主要由苔藓、地衣、矮灌木和耐寒草本植物组成。苔原生态环境较为恶劣,气候寒冷,生长季短,且因为处在多年冻土带,植物根系生长受到限制。氮沉降也可以影响苔原植物多样性。综上所述,地上植被多样性对大气氮沉降的响应存在较大的不确定性,与环境条件、植被类型及氮沉降模式等多种因素相关。

氮沉降也可以通过改变土壤环境条件(如氮的有效性、土壤酸化、碱基阳离子组成等)直接影响土壤微生物多样性,也可以通过地上植被的生理和生态响应间接作用于土壤微生物。氮沉降对土壤微生物的多样性和群落结构具有显著影响,且影响程度随着氮沉降量的升高和持续时间的延长而增大。Wang 等(2018)的整合分析表明,氮沉降显著降低了土壤微生物的 α 多样性,且长期氮沉降处理(>10 年)对土壤微生物的影响程度要显著大于短期处理。氮沉降在降低土壤微生物 α 多样性的同时,也会改变土壤微生物的群落组成和结构。不同的土壤微生物营养需求和生理结构不同,环境适应性存在显著差异,对氮沉降的响应也不尽相同,在群落水平即表现为群落组成和结构的变化。过量氮沉降的输入和氮饱和的出现,微生物群落的结构和功能都将会发生改变,过高的氮沉降则会减少微生物量,降低物种多样性。氮沉降对土壤细菌的影响通常不如真菌明显,可能与生态系统的氮状态、植被组成以及施氮时间长短有关,一定限度内的氮沉降对生物多样性可能是有利的。在氮沉降条件下,由喜氮物种和厌氮物种共同主导的群落,将逐渐演替成以喜氮物种为优势种,而厌氮物种则逐渐沦为衰退种的新的群落结构。另外,外生菌根真菌,尽管短期的氮沉降促进了种群数量的增加和子实体的生产,但是长期的氮沉降具有抑制作用,故降低了菌根根系的拓展能力、真菌子实体的产量和物种的丰富度。

第四节　生态系统对氮沉降的适应与反馈

一、生态系统对氮沉降的适应

当生态系统达到氮饱和时,植物具有自我适应性调整,即富氮生态系统植物可以通过提升自身蒸腾能力适应高氮沉降来维持养分平衡。植物在长期生存进化过程中形成了不同的系统发育特征,导致其对于氮沉降响应的敏感程度因种而异。此外,植物自我调整的适应性,也会改变氮沉降对植物影响的方向和强度。中国北方温带地区的生态系统一般认为受到氮限制,而南方热带亚热带生态系统相对更加富氮,主要受磷或其他阳离子限制,这些特点决定了森林植物对氮沉降响应方式可能存在差异。长期生长在高氮沉降地区的植物会产生对这种逆境的生理驯化,主要表现为植物体内与 NH_4^+ 代谢有关的酶活性提高,例如长期氮沉降会导致植物叶片谷氨酰胺合成酶和谷氨酸脱氢酶的活性增加,可催化更多的 NH_4^+ 合成谷氨酰胺进而生成谷氨酸,从而在一定程度上缓解氨毒(李德军 等,2004)。

二、生态系统对氮沉降的反馈

氮沉降对生物源挥发性有机化合物(BVOCs)排放的影响也能够对空气污染产生反馈影响。氮沉降能够影响 BVOCs 的排放,在氮限制系统中,氮沉降的增加补充了系统所需的氮素,有利于植物的生长,大量 BVOCs 的排放会受到抑制;在氮素丰富或饱和的系统中,氮沉降导致系统氮素过饱和或富营养化,不利于植物的生长,刺激 BVOCs 的排放增加。

氮沉降对温室气体排放的影响,也会在一定程度上抵消氮沉降在减缓全球气候变化方面的积极作用。一项全球的整合分析研究结果表明,尽管氮沉降增加了全球陆地碳汇,但氮沉降导致的全球生态系统 CH_4 和 N_2O 排放的增加可能很大程度上抵消了 CO_2 吸收量的 $53\%\sim76\%$(Liu et al.,2009)。氮沉降导致森林土壤 CH_4 吸收通量的减少,以及加速土壤中的氮转化过程,使得大气 N_2O 浓度持续升高,都可能进一步加剧全球变暖。

此外,活性氮在大气化学中也起着重要作用,与环境和气候变化密切相关。例如,氨、胺类和氮氧化物都参与了气溶胶的形成,硝酸盐和铵盐是大气颗粒物的主要化合物,约占了 $PM_{2.5}$ 的三分之一;近地层臭氧污染也是由空气中的氮氧化物通过光化学反应形成的二次污染物。

复习思考题

1. 氮沉降对植物生理过程的影响主要体现在哪些方面?
2. 论述氮沉降对生态系统碳氮循环过程的影响。
3. 氮沉降对生物多样性有怎样的影响?并列举其可能的假说。
4. 探讨陆地生态系统对大气氮沉降是如何适应的?
5. 概括氮沉降对生态系统的影响,并提出几条应对消极影响的措施或建议。

参考文献

陈洁,骆土寿,周璋,等,2020.氮沉降对热带亚热带森林土壤氮循环微生物过程的影响研究进展[J].生态学报,40:8528-8538.

付伟,武慧,赵爱花,等,2020.陆地生态系统氮沉降的生态效应:研究进展与展望[J].植物生态学报,44:475-493.

李德军,莫江明,方运霆,等,2004.木本植物对高氮沉降的生理生态响应[J].热带亚热带植物学报,12:482-488.

鲁显楷,莫江明,张炜,等,2019.模拟大气氮沉降对中国森林生态系统影响的研究进展[J].热带亚热带植物学报,27:500-522.

杨丽丽,龚吉蕊,刘敏,等,2017.氮沉降对草地凋落物分解的影响研究进展[J].植物生态学报,41:894-913.

张炜,莫江明,方云霆,等,2008.氮沉降对森林土壤主要温室气体通量的影响[J].生态学报,28(5):2309-2319.

CAREY C,DOVE N, BEMAN J, et al,2016. Meta-analysis reveals ammonia-oxidizing bacteria respond more strongly to nitrogen addition than ammonia-oxidizing archaea[J]. Soil Biology and Biochemistry,99:158-166.

CHEN H, LI D J, GURMESA G A, et al, 2015. Effects of nitrogen deposition on carbon cycle in terrestrial ecosystems of China: A meta-analysis[J]. Environmental Pollution,206:352-360.

CHENG Y, WANG J, WANG J Y, et al, 2020. Nitrogen deposition differentially affects soil gross nitrogen transformations in organic and mineral horizons[J]. Earth-Science Reviews,201:103033.

HUANG X M, TERRER C, DIJKSTRA F A, et al,2020. New soil carbon sequestration with nitrogen enrichment: a meta-analysis[J]. Plant Soil,454: 299-310.

LIU L L, GREAVER T L,2009. A review of nitrogen enrichment effects on three biogenic GHGs: the CO_2 sink may be largely offset by stimulated N_2O and CH_4 emission[J]. Ecology Letters,12:1103-1117.

LU M, ZHOU X H, LUO Y Q, et al,2011a. Minor stimulation of soil carbon storage by nitrogen addition: A meta-analysis[J]. Agriculture Ecosystems & Environment, 140:234-244.

LU M, YANG Y, LUO Y, et al. 2011b. Responses of ecosystem nitrogen cycle to nitrogen addition: a meta-analysis[J]. New Phytologist,189:1040-1050.

LU X K, VITOUSEK P M, MAO Q G, et al,2021. Nitrogen deposition accelerates soil carbon sequestration in tropical forests[J]. PNAS,118:e2020790118.

MAO J H, MAO Q G, ZHENG M H, et al, 2020. Responses of foliar nutrient status and stoichiometry to nitrogen addition in different ecosystems: A meta-analysis[J]. Journal of Geophysical Research: Biogeosciences, 125: e2019JG005347.

TEMPLER P H, MACK M C, CHAPIN F S, et al,2012. Sinks for nitrogen inputs in terrestrial ecosystems: a meta-analysis of ^{15}N tracer field studies[J]. Ecology,93:1816-1829.

WANG C, LIU D W, BAI E,2018. Decreasing soil microbial diversity is associated with decreasing microbial biomass under nitrogen addition[J]. Soil Biology & Biochemistry,120:126-133.

XIA N, DU E Z, WU X H, et al, 2020. Effects of nitrogen addition on soil methane uptake in global forest biomes[J]. Environmental Pollution,264:114751.

XIAO H B, SHI Z H, LI Z W,et al,2020. Responses of soil respiration and its temperature sensitivity to nitrogen addition：A meta-analysis in China[J]. Applied Soil Ecology,150：103484.

XING A J，DU E Z，SHEN H H，et al,2022. High-level nitrogen additions accelerate soil respiration reduction over time in a boreal forest[J]. Ecology Letters，25：1869-1878.

ZHANG H X，LI W B，ADAMS H D，et al，2018. Responses of woody plant functional traits to nitrogen addition：A meta-analysis of leaf economics，gas exchange，and hydraulic traits[J]. front plant sci,9：683.

第七章　全球变暖的生态效应

人类活动导致的全球气候变暖对陆地生态系统产生了深刻影响,已成为当今人类社会面临的最为严重的挑战之一。气候变暖会引起动植物个体水平上生理生态的变化,也会改变生态系统物质循环,最终可能引起一个区域生态系统类型的改变,并导致其生态功能发生转变,进而对全球变暖产生适应和反馈。

第一节　全球变暖对生理生态过程的影响

一、全球变暖对植物生理代谢的影响

植物的生理代谢会随气候变暖发生变化,以维持植物自身生长的平衡状态。植物的光合速率在最适温度区间($20\sim30$ ℃)达到最大值,因此,适当的温度升高会促进光合作用。最近的一项研究表明,全球植被光合作用平均最适温度为23 ± 6 ℃,并且存在明显空间差异(图 7.1)。但植物光合对温度升高存在短期顺应与长期适应机制,即温度的升高会促使光合最适温度升高。这一现象在生态系统水平已得到证实(Niu et al,2012)。增温可以通过增强光合酶的活性、增加植物的光合色素含量和提升表观量子效率、提高植物捕光效率,从而促进植物的光合作用。但增温导致的干旱也可以降低光系统 II 原初光能转换效率、表观量子效率以及光饱和点,从而抑制光合作用。此外,增温引起的干旱胁迫还会限制气孔导度和光合作用细胞器,从而降低光合作用,这与胞间 CO_2 浓度和气孔对 CO_2 的传导权衡有关。如果胞间 CO_2 下降速率大于或等于气孔对 CO_2 的传导,则气孔限制在光合速率降低方面起主要作用;如果胞间 CO_2 浓度下降速率小于气孔对 CO_2 的传导,则说明光合作用细胞器的限制降低了光合速率。

在过高的温度区间植物的光合速率会迅速下降,所以在升温幅度超过一定值时气候变暖也会使植物净光合速率下降,从而降低光合作用。人们提出了两种生物化学假说来解释光合作用在超过净光合速率的最适温度(即高温)时下降的原因。第一种假说是基于二磷酸核酮糖羧化酶(Rubisco)的激活状态随叶片温度升高而下降。

在高温下,Rubisco 激活酶维持 Rubisco 激活状态的能力会下降,并伴随大量失活现象,从而导致叶片光合速率下降。第二种假说认为在高温下光合电子传递速率的下降会限制需要 ATP 的 Rubisco 激活酶的活性,从而降低光合作用。

气候变暖还会影响植物呼吸酶的活性,进而影响植物的呼吸作用。植物的呼吸作用也会对持续的温度上升产生顺应性或适应性,并产生温度敏感性下降的现象。目前关于植物呼吸作用对升温产生顺应性或适应性的原因仍存在争议,包括叶片氮含量降低,线粒体的密度或结构发生改变,以及与呼吸底物和腺苷酸的限制等。目前该方向的许多研究在报道结果时未严格定义顺应性与适应性,因此,难以梳理二者在已有研究结果中的异同。

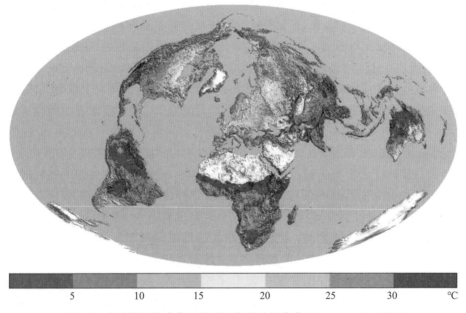

图 7.1　全球植被光合作用最适温度的空间分布(Huang et al.,2019)

植物的膜系统是植物抗热中心,在外界温度升高时,首先受影响的是植物膜系统。温度的升高使植物膜系统结构受到损害,细胞中水势降低,电解质外渗,最后导致植物植株内的生理代谢紊乱。温度达到临界值时对植物膜系统影响最大。当温度超过临界值时,会使植物植株内产生大量的活性氧,对植物组织产生不可逆损伤,严重时会造成植物死亡。尽管危害较大,但是在高温环境下植物也会通过改善自身的生理生态特征来适应高温环境,因此,经过高温预处理的植物能提高自身的耐高温能力。

二、全球变暖对植物和动物物候的影响

植物的展叶、开花、落花与结果等物候事件对外界温度变化极为敏感。基于气

象数据和地面植被遥感数据的生物地球化学模型模拟结果表明,北半球高纬度有变绿的趋势,这一研究说明了植物生长节律对气温升高的响应规律。目前,中高纬度地区的春季和秋季物候对气候变暖的响应受到了学者的广泛关注。大量的地面和遥感观测数据表明,气候变暖促使春季物候提前。然而,随着气温持续升高,近年来的一些研究发现,春季物候对温度响应的敏感性逐渐降低,甚至发生逆转导致春季物候推迟。另一方面,春季物候的温度响应在空间变异上也出现一些新现象,例如欧洲阿尔卑斯山脉的植物春季物候在海拔梯度上呈现出趋同的规律。这些新发现挑战了生态学的一些经典规律,例如霍普金斯法则(Hopkins bioclimatic law)认为,植物春季物候随纬度与海拔上升呈现稳步推迟的变化规律。相比于春季物候,温度升高对秋季物候的延迟作用不明显,并且其驱动因子仍不十分清楚。增温对春季和秋季物候的影响最终导致了植物生长季的延长,但对个体物种的观测却发现许多物种应对气候变暖时缩短了生命周期或保持不变。20世纪80年代以来,我国内蒙古地区植物始花期呈现提前趋势,温度变化为增温趋势,春季变暖比冬季明显;温度和始花期的变化趋势均有明显的地域特征,中西部地区增温趋势和植物始花期提前趋势均大于东部地区,春季温度和植物始花期在这2个区域的平均变化趋势均显著,冬季温度在中西部地区变化显著,而在东部地区变化不显著;植物始花期与其前期温度呈明显的负相关,春季温度是影响开花的主要因子。未来如温度上升1℃,始花期预计将提早3.1～5.0 d。

植物物候的变化主要受到长期气候变暖的驱动,而鸟类和昆虫等的物候过程更多受到短期温度变化的影响。自工业革命以来,受气候变暖影响,在欧洲和北美洲鸟类迁徙时间每10年春季提前了1.3～1.4 d,繁殖期每10年提前了1.9～4.8 d。灰鹤在俄罗斯及我国东北繁殖,历史上它在我国华南地区越冬,在黄河三角洲只是旅鸟,而现在它们不仅在黄河三角洲越冬,而且在辽宁省瓦房店地区也发现了灰鹤的越冬种群。由于全球气候变暖使中国东北气温升高,夏天延长,候鸟离开东北的时间相应变迟,再次回到东北的时间也相应延后,结果导致候鸟所吃的一种害虫泛滥成灾,毁坏了大片森林。此外,气候变暖会加快昆虫的生长发育速率,发生世代增多,同时也提高害虫的越冬存活率,增加来年危害的种群基数,导致虫害暴发。

三、气候变暖对动物形态的影响

气候变暖加速爬行动物进化,如某些动物为了顺应气候变暖进化出形态各异的模样。科学家发现,目前全球变暖趋势可能对动物的体型产生影响。例如,美国加利福尼亚州的研究人员发现,旧金山湾和雷斯岬国家海岸公园附近的鸟类在过去的40年至27年里慢慢变得更大。这一发现表明,一些动物采用体型变大的方式应对气候变化。也有越来越多的研究显示,北极熊、松鼠、青蛙、果蝇等动物的体型都在变小。调查结果表明,受全球变暖影响,世界上很多动物不再需要储存过多热量,因此,在摄取食物和营养时变得消极。受此影响,动物的生长发育会变得迟缓,体型也会长得越来越小。

第二节 全球变暖对物质循环过程的影响

一、全球变暖对生态系统碳循环的影响

气候变暖正在导致陆地生态系统碳循环的变化。气候变暖可以影响植物的光合作用,同时高温还会增加潜在蒸散和植物的呼吸作用,蒸散的增强可以导致植物的水分胁迫,进而导致净初级生态系统生产力(NPP)的降低。另一方面,温度的增加和水分胁迫的发生可以导致土壤可利用氮素的增加,解除植物的氮素限制,增加 NPP。气候变暖导致的 NPP 增加或降低最终会改变生态系统的固碳能力(图 7.2)。在气候变暖的背景下,全球不同生态系统的土壤可能会向大气中释放被封存的 CO_2 和 CH_4。这些变化会导致原有的碳平衡状态被破坏,同时引发一系列环境问题(如海平面上升、降水格局变化等)。因此,气候变暖对陆地碳循环的影响是极其复杂的。

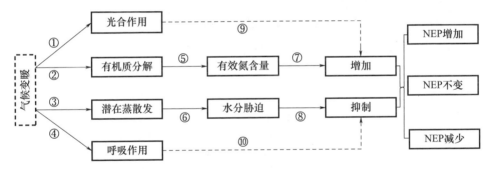

图 7.2 气候变暖对陆地生态系统碳过程的影响机制(徐小峰 等,2007)
①气候变暖可以增加光合作用;②气候变暖可以增加土壤有机质的分解速率;③气候变暖可以增加潜在
蒸散;④气候变暖可以增加呼吸作用;⑤土壤有机质的分解使得土壤中的有效氮素含量增加;
⑥潜在蒸散的增加可以导致水分胁迫;⑦有效氮的增加可以刺激植物生长;⑧水分胁迫
可以抑制植物生长;⑨光合作用的增加可以增加净初级生态系统生产力(NPP);
⑩呼吸作用的增加可以减小净生态系统生产力(NEP)

1. 全球变暖对植物固碳的影响

气候变暖对生态系统植物固碳的影响有明显的水热依赖性,即在湿润寒冷的生态系统表现为正效应,但在干旱高温生态系统表现为负作用。在气候变暖下,北半球中高纬度地区和青藏高原地区的植被呈现出光合作用增强和生长季延长的趋势,

进而导致生态系统植物固碳显著升高。例如,有研究表明,温度升高显著促进了北寒带地区(美国阿拉斯加西部、加拿大魁北克北部和俄罗斯西伯利亚东北部等)木本植物的生长。与此同时,中高纬度地区植被生长活动与温度的敏感性强度在近 30 年来呈现出明显下降趋势。持续增温可能会对热带植被的生长产生负面影响。例如,有研究表明,温度升高会抑制叶片气体交换,从而降低热带森林的植被生产力和生长速率。另一方面,温度持续升高所引发的干旱和热浪事件会显著抑制植被生长,甚至导致全球大范围的树木死亡。例如,2003 年欧洲高温热浪抑制了陆地植被对大气 CO_2 的吸收,导致本地区植被固碳能力下降。干旱胁迫甚至可以通过破坏热带雨林的植物水分吸收运输机制,从而导致树木的死亡。

气候变暖还会通过改变植被物候对陆地生态系统植被生长产生间接影响。在北半球高寒地区,由于植被光合作用最适温度低于生长季温度,未来升温仍有促进该区域植被生长的空间,而在热带雨林地区,植被光合作用最适温度与生长季温度十分接近,意味着未来升温可能不利于该地区植被生长。研究表明,气候变暖对生长季的草地生产力随季节而异,温暖和潮湿的春季导致生长季节初期草地生物量增加,而干燥的生长季导致后期草地生物量减少,同时植被春季展叶期对春季温度的敏感性呈下降趋势。由于春季温度的降低,北半球植被生产力原本呈现的显著增加的趋势表现出趋于停止甚至下降。

2. 全球变暖对凋落物分解和土壤呼吸的影响

在全球尺度上,气候变暖被认为会加速凋落物的分解过程。有研究表明,凋落物的质量损失与温度升高关系密切。凋落物对温度的响应灵敏度非常高,随着温度升高凋落物分解速率会显著提高。但近年来进行的不少野外生态学研究发现,凋落物的功能性状是控制凋落物分解速率的首要因子。凋落物分解加速意味着土壤呼吸增强,也就是说,气候变暖可以显著刺激土壤呼吸。一项对全球不同生物区的 meta 分析研究结果表明,土壤增温 $0.3 \sim 6°C$,可导致土壤呼吸速率增加 20%,土壤碳排放总量增加 $14 \sim 20$ Pg,这部分增加量相当于全球化石燃料燃烧和土地利用方式变化年排放总量(7 Pg)的 $2 \sim 3$ 倍。

由于土壤呼吸各组分的主要碳源不同,土壤呼吸各组分对温度变化的敏感性和对气候变暖响应的具体机制可能存在显著差异(图 7.3)。例如,气候变暖可通过改变土壤微生物活性和群落结构以及土壤碳氮底物质量的可利用性,进而促进或抑制土壤异养呼吸;或通过影响植物根系活动或生理代谢,显著改变植物根系呼吸(自养呼吸)。气候变暖还可通过改变土壤水热状况直接或间接地影响土壤呼吸组分。例如,增温可以导致土壤含水量的降低,植物将更多的碳分配到根系以获取足够的水分和养分,因而根呼吸速率将显著提高。同时,因为水分有效性的降低也会抑制微生物活性,导致土壤异养呼吸速率下降。但在水分条件不受限制的条件下,增温也能通过促进养分矿化和氮素的扩散,增加微生物养分有效性,提高土壤异养呼吸,并且增加根组织中的氮含量,提高根呼吸速率。在一定温度范围内,增温可以促进植物根系代谢,根系呼吸速率会随温度升高呈指数增加。

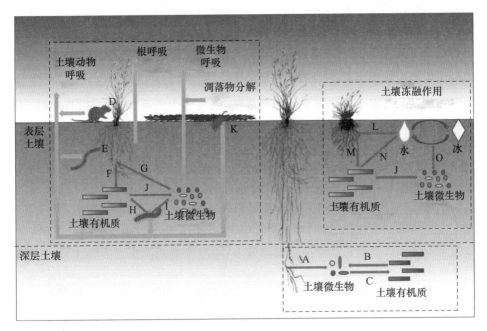

图 7.3 气候变暖对土壤呼吸的影响研究需要加强关注的重要过程(张智起 等,2019)
A:新鲜有机碳的输入;B:激发效应;C:微生物代谢产物与土壤矿物表面相结合形成稳定的有机质;
D:土壤动物取食植物地上部;E:土壤动物取食植物根系;F:土壤动物影响根系生物量和分泌物量;
G:土壤动物通过植物根系调控根际微生物;H:土壤动物改变土壤有机质存在形态;I:土壤动物
改变土壤微生物活性和群落组成;J:微生物的分解作用;K:土壤动物活动加速凋落物分解;
L:土壤冻融循环导致植物根系死亡;M:植物根系死亡增加呼吸底物;N:土壤冻融
过程改变土壤有机质可利用性;O:土壤冻融循环改变微生物活性和群落结构

土壤呼吸温度敏感性指数(Q_{10}:温度每增加 10 ℃ 土壤呼吸所增加的倍数)作为生态系统过程模型的一个重要参数,在全球变化生态学研究中得到广泛关注。随增温时间的延长,土壤异养呼吸对增温的温度敏感性可能降低或出现"驯化"或"适应"现象,甚至表现出与增温前土壤异养呼吸速率没有显著差异。这可能是因为长期增温使土壤微生物群落结构发生变化,或者土壤微生物群落通过调节自身新陈代谢速率来适应土壤温度的变化。科学家们从分子调控、酶活性等方面来揭示土壤异养呼吸对增温的适应机制,可以概括为土壤微生物细胞生物膜结构改变、土壤酶活性改变、土壤微生物碳分配比例改变以及土壤微生物群落结构和功能改变等几个方面。这些均说明土壤微生物不仅可以被动地适应气候变暖,还可以通过主动地改变自身群落结构和生理活性来适应外界环境温度的变化,进而调控陆地生态系统碳循环过程。但是有研究解释土壤异养呼吸的变化不认为是微生物群落的适应性策略,而是土壤微生物在增温条件下合成了更多不易分解的次级代谢产物,因而降低了土壤异养呼吸速率。相比异养呼吸,根呼吸对温度的敏感性更高。比如,科研人员在美国哈佛森林系统进行的一项长期实验发现,植物根系呼吸和土壤异养呼吸的温度敏感性指数 Q_{10} 分别为 4.6 和 3.5。

3. 全球变暖对生态系统碳平衡的影响

陆地生态系统碳平衡取决于光合作用固定的 CO_2 量与呼吸作用释放的 CO_2 量之间的消长关系。若 CO_2 的固定量大于释放量,则陆地生态系统为碳汇;反之,则为碳源。总体上,气候变暖可以促进植物的生长,增加陆地生态系统的净初级生产力,但同时也会加速土壤有机质的分解。有研究认为,气候变暖会引起植物和土壤呼吸作用的增加,导致陆地生态系统释放更多的 CO_2,这就是较为主流的正反馈假说。最新的整合研究表明,增温一方面会导致土壤呼吸、凋落物生产及可溶性有机碳淋溶损失的增加,另一方面也促进了生态系统光合速率及净生产力的提高。也就是说,相对于增温导致的碳输出的增加,植物碳库输入也可能出现相应的增长,最终使得一些生态系统表现为微弱的碳汇。由此可见,陆地生态系统生产力和土壤呼吸对于生态系统碳平衡的调节起到了至关重要的作用。

全球变暖会导致生态系统碳源汇功能发生转变。例如,北极苔原分布在北冰洋海岸与泰加林之间广阔的冻土沼泽带,其生态系统结构简单,主要植被是生长在冻土上的厚厚的地衣层。研究表明,在全球变暖的情景下,冻土融化将导致大量 CO_2 释放,加之生物入侵,使得地衣大面积死亡,北极苔原系统正在由碳汇变为碳源。类似的现象在一些寒冷的北方针叶林中也有发现。

4. 全球变暖对生态系统甲烷排放的影响

全球气候变暖导致 CH_4 排放增加。CH_4 排放量多与产甲烷菌和甲烷氧化菌活性有着直接关系,当环境温度低于 15 ℃ 时,产甲烷菌活性较小,生态系统甲烷产生量相对较小,随着温度升高,生态系统 CH_4 产生速率会快速增加。一项全球性的数据分析研究表明,气候变暖对湿地 CH_4 排放的促进作用比对 CO_2 排放更为强烈。在这项研究中,当温度从 0 ℃ 升高到 30 ℃ 后 CH_4 排放量增加了 57 倍,这可能是由于产甲烷菌较甲烷氧化菌具有更高的温度敏感性所致。由于高纬度地区的未来气候变暖趋势更为强烈,气候变暖将明显地促进寒带湿地的 CH_4 排放量。除了湿地生态系统,气候变暖也将加速淡水生态系统的 CH_4 排放,特别是高纬度地区。据估计,北极淡水湖泊 CH_4 排放量将从目前约 13 $Tg \cdot a^{-1}$,增加至 21 世纪末的 28 $Tg \cdot a^{-1}$。同时,气候变暖正以前所未有的速度影响全球北方地区一半以上的湖泊,导致水体温度增加、富碳基质融化与分解、水体氧气浓度下降、冰期时间减短,这均将促进 CH_4 排放。有研究表明,到 2100 年,增温引起的冰期缩减将显著促进北半球高寒带淡水系统的

CH_4排放。另一方面,气候变暖可通过降低CH_4的溶解度来增加水体中CH_4气泡的形成,导致大量的CH_4可以迅速绕过水体中好氧和厌氧氧化层,加速释放到大气中。

二、全球变暖对生态系统氮循环的影响

气候变暖正在影响着生态系统氮循环(图7.4),并且与生态系统类型、区域气候土壤状况有关。增温可使富氮的热带森林生态系统氮循环更加封闭,这与增温背景下植物较高的氮需求和较低的土壤氮供应相关。这意味着增温背景下更封闭的氮循环可以减缓富氮热带森林中高氮沉降引起的生态系统氮损失,从而有利于该生态系统氮保持,但这种效应会随着增温时间延长而减弱。然而,也有研究发现,增温可以增强氮循环,从而加速生态系统的氮流失。在半干旱生态系统中,变暖对氮循环的影响可能不同于生物活动受土壤水分限制较小的生态系统。除此之外,增温也会影响植物和微生物对氮素的需求。例如,增温可以促进热带森林植物氮的积累以及植物对氮的重吸收,从而增强植物对氮的需求。增温也可以降低土壤总氮浓度、有效氮浓度、微生物量氮和丛枝菌根真菌丰度,从而降低土壤有效氮供应和丛枝真菌在氮供应中的作用。

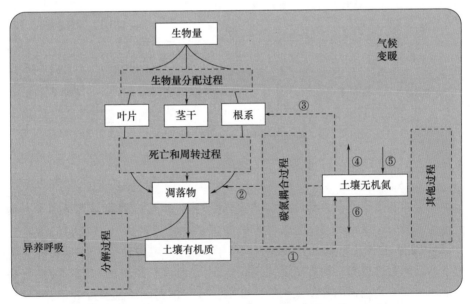

图7.4 气候变暖对陆地生态系统氮循环过程的影响(夏建阳 等,2020)
①氮矿化过程;②氮固持过程;③氮吸收过程;④反硝化过程;⑤固氮过程;⑥氮淋溶与径流过程

1. 全球变暖对生态系统氮素矿化与吸收过程的影响

目前比较明确的结论是气候变暖显著提高了土壤氮矿化速率(图7.5),从而增

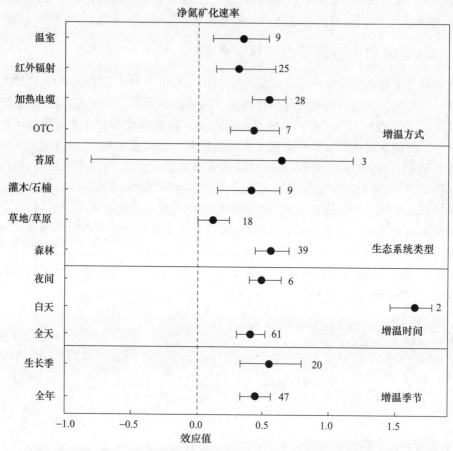

图 7.5　气候变暖对土壤氮矿化的影响:不同升温方法、不同生态系统类型、升温时间和
升温季节(Bai et al.,2013)

加土壤中氮的有效性。很多野外增温试验研究均表明,模拟增温显著增加了土壤净氮矿化和氮损失。有人认为,增温对土壤净氮矿化的影响大于对植物氮吸收的影响,从而增加了生态系统氮损失的潜力。然而,这些变暖实验研究都是在湿度不受限的生态系统中进行的。而在美国大平原地区,土壤有机质分解和潜在氮矿化会随着所在地区年平均气温的梯度式增加而降低。直接增温会增强微生物活性,导致土壤净氮矿化速率增加,而降低土壤水分有效性则会降低净氮矿化,从而抵消增温的正效应。事实上,最近有研究发现,在高草甸草原,由于增温导致土壤水分减少,土壤无机氮有效性对增温的响应并不显著。一项针对温度和湿度变化对森林土壤氮矿化影响的研究发现,在 $5\sim35\ ℃$ 的温度范围内,土壤净氮矿化速率与温度呈正相关;在一定的土壤含水量范围内($0.46\sim0.54\ \text{kg}\cdot\text{kg}^{-1}$),土壤净氮矿化速率随含水

量的增加而升高,当超过该范围时,土壤净氮矿化速率随含水量的升高而降低。气候变暖对土壤氮矿化过程的影响还取决于土壤基质的质量与数量、升温持续的时间等因素。例如,在水分是植物生长主要限制因素并相对恒定的情况下,温度上升的主要效应是土壤呼吸的增加,此时土壤净氮矿化速率的提高十分明显。而在水分条件相对充足的情况下,随着温度的上升,植物对氮素的吸收和土壤氮的固持也在增加,因而至少在试验的早期,土壤氮的净矿化速率不一定会显著上升。另一种观点则认为,增温增加的土壤净氮矿化和植物氮吸收变化更可能是增温对土壤的一种直接影响,而不是通过影响土壤水分的间接效应,这是因为增温引起土壤温度增加可以促进微生物对硝态氮的固定,进而抵消水分含量下降对土壤氮素矿化过程产生的抑制作用。需要指出的是,土壤氮素不同形态间转化过程的温度敏感性也存在差异。例如,农田土壤反硝化作用的温度敏感性指数(Q_{10})为 8.9,而其他氮转化过程的 Q_{10} 均接近 2。可见,即使在较小温度升幅的情况下,土壤氮素间的平衡也可能发生变化,最终导致土壤氮有效性发生改变。

2. 全球变暖对硝化和反硝化过程的影响

土壤氮素转化的两个重要过程——硝化作用和反硝化作用同样受到气候变暖的影响。由于硝化细菌是好氧细菌而反硝化细菌是厌氧的,因此,温度升高可通过改变土壤通气性,进而影响土壤硝化和反硝化过程。显然,增温的这种影响又受到降水特征、土壤基质、土壤理化性质以及地上植被等多种因素的影响。例如,一项在德国森林生态系统的研究发现,在暖干年份的降水事件会引发土壤的硝态氮脉冲释放;而在五个欧洲森林生态系统开展的野外试验却发现,土壤在经历了一段干旱时期后发生的降水事件则会导致土壤氨态氮脉冲释放。

土壤 N_2O 是硝化与反硝化作用的产物。全球变暖对土壤 N_2O 排放的影响目前有两种截然相反的结果,一种结果表明,全球变暖使土壤硝化与反硝化细菌的活性增强,并且促进氮的矿化作用,从而导致陆地大部分生态系统的 N_2O 排放增加;另外一种结果表明,全球变暖下的土壤干旱以及植物生长和土壤氮素吸收的增加,将减少 N_2O 的排放。一项针对地中海山地森林土壤在不同温度下的 N_2O 排放的研究表明,土壤 N_2O 通量速率及其温度敏感性均表现为阔叶林高于针叶林,这表明土壤 N_2O 排放除了受到温度本身的调节外,还受到土壤性质(pH 值、碳氮比等)等其他因素的影响。

三、全球变暖对水循环的影响

随着气候变暖,大气持水能力增加,全球水循环将持续增强(图 7.6)。随着全球水循环的加强,与之密切相关的淡水资源短缺、副热带干旱区扩张、极端旱涝灾害频发等问题日益突出,严重制约着生态系统和人类社会的可持续发展。

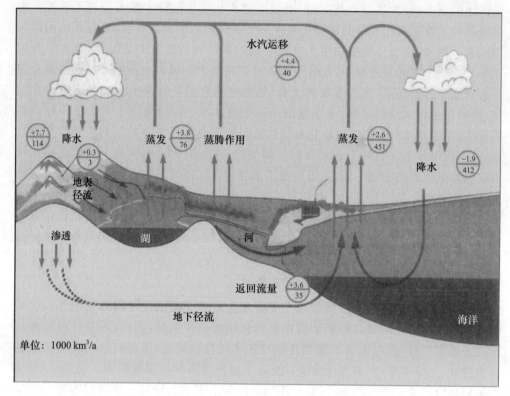

图 7.6　全球变暖对水循环的影响(Bengtson,1998)
(蓝色数字是模拟 1860 年的结果,红色数字是模式预测的到 2030 年的变化值)

1. 全球变暖对降水的影响

在全球尺度上,气候变暖对降水的影响表现为总降水量增加和极端降水事件频发。大量观测数据表明,中高纬度地区和热带地区均表现出降水增加的趋势,而副热带地区一般呈现出降水量下降的趋势,这样就出现了干旱地区更干旱而湿润地区更加湿润的局面;另一方面,气候变暖还会导致降水格局出现变化。以中国为例,近 50 年来,中国年平均雨日总体呈下降趋势,主要是小雨日数减少比较明显(减少13%),而暴雨日数不但没有减少,反而呈现增加趋势(增加 10%)。雨日特别是小雨日数减少,这意味着干旱风险增加,而暴雨日数增加意味着短时强降水事件频率增加,城市内涝等风险增加。每年夏季,许多城市因为强降水而出现"看海模式",这就是全球变暖背景下极端降水事件增加的一种表现。降水变率的变化在全球呈现出非均匀分布特征,其增强主要发生在气候态湿润区,降水变率的变化主要表现为"湿区的变率更为剧烈"(wet-get-more variable)。据估计,全球增温 1 ℃,全球平均的降水变率将增加约 5%。

2. 全球变暖对地表径流的影响

全球气候变暖会使一些地区的降雪过程成为降雨过程。冰雪融化的季节会提前,春季的河川径流量发生变化。在由融雪主导的河流中,降水和温度的长期持续变化对河川径流量时空分布的影响是巨大的。降水量的变化影响积雪量和河川流量,温度增加使冰雪融化的开始时间相对提前。如果气候变暖和冰川持续退缩,冰川河流的贡献作用就要发生变化,预测夏天的干旱会更严重。气候变暖同时会增加降水的变率,进而影响河川径流量。干旱地区降水量的少量减少可引起河流流量的很大变化。例如,有研究表明,在非洲年降水量低于 500 mm 的区域,降水量减少 10%,可引起径流量减少 50%;相应地,降水量的少量增加也可能会造成洪涝灾害。

3. 全球变暖对区域蒸散的影响

气候变暖也影响区域蒸散量。通常认为,温度升高会增加蒸散量,但是在北半球的一些国家观测表明,过去 50 年蒸发皿测定的蒸发量在持续减少,这被称为"蒸发悖论"。关于这种似乎自相矛盾的现象目前有两种解释。首先,蒸发皿蒸发量减少的趋势表明,在水分限制地区的实际蒸散量增加了,因为增加地表蒸散量改变了蒸发皿周围的湿度环境,使蒸发皿周围的空气更凉爽和湿润;其次,蒸发皿蒸发量和全球辐射量的减少表明,由于全球云量和大气气溶胶的增加,减少了用于蒸发的地表能量,使实际蒸散量减少了。实际上,陆地的潜在蒸发量反映的是大气对水分的需求能力,真正能够蒸发到大气中的水量还受土壤水分条件的影响。海洋的实际蒸发量还受海水的热通量影响。而在依赖冰川融水补给河流径流量的内陆河地区,山区冬季的降雪量是影响河流流量的关键要素,冰川的退缩对河流的径流量是有一定的影响,但关键是河流径流形成区的总降水量受气候变暖的影响究竟如何变化,降水后的绿水流(植被蒸散)和蓝水流(地表径流和地下径流)也是需要关注的重要问题。

4. 全球变暖对冰川退化的影响

冰川的进退变化就是对气候变暖的一种直接响应。气候变暖对冰川的影响存在两种截然相反的研究结果,一种是温室气体浓度升高所造成的小幅度升温,不仅不会使南极冰盖消融,反而会由于降雨、降雪增多,而使冰盖增加。据此估计,温度上升 3 ℃,可使南极降水增多 24%,南极冰盖增加约 1%。然而也有研究发现,日益变暖的气候导致南极大陆出现冰雪消融现象。据英国对南极洲进行的一项调查表明,在过去的 50 年里至少有 5 块被认为是构成了南极洲大部的冰盖发生了明显的推移,南极半岛两岸均出现了冰盖后撤现象。国内学者研究也表明,随着全球气候的变暖,我国西部冰川也随之发生变化,冰舌后退,冰川面积减少,雪线上升。有数据表明,在过去的 50 年间,气候变暖使珠穆朗玛峰地区的冰川末端持续后退。同时,由于气候变暖各地区的冻土也有明显的退化趋势。

第三节　全球变暖对生态系统服务的影响

一、全球变暖对生态系统生产力的影响

　　气候变暖对陆地生态系统 NPP 的影响包括直接作用与间接作用。气候变暖不仅可以直接影响光合作用来改变陆地生态系统的 NPP，还可以通过改变群落小气候环境影响植被物候、土壤氮素矿化速率和水分含量来间接地影响陆地生态系统 NPP（徐小峰 等，2007）。有研究表明，全球范围和各大洲均表现为 NPP 随气候变暖而增加的趋势。基于 CEVSA 模型进行的一项全球 NPP 变化模拟研究表明，1861—2070年热带生态系统、温带森林和北方生态系统的 NPP 可分别增加 45%、20% 和 36%。利用陆地生态系统模型 TEM 模型对全球的 NPP 变化进行模拟研究也表明，气候变暖可以增加部分生态系统的 NPP，如北方森林、北方温带落叶阔叶林等，主要原因是土壤中氮素有效性的增强。在美国进行的北方生态-大气研究计划（BOREAS）结果表明，大气温度升高可以引起北方森林展叶时间的提前，进而提高了北方森林系统的 NPP。利用遥感技术研究表明，伴随着年均温度的上升，1980 年至今我国青藏高原草地生态系统 NPP 呈上升趋势。

　　另一种观点则认为，气候变暖可以降低 NPP。尽管光合作用在增温条件下可以固定更多的 CO_2，但是气候变暖可导致植物自养呼吸增加，而且还会加重干旱地区的干旱胁迫，最终使得生态系统 NPP 出现下降。例如，有研究表明，气候变暖显著降低了亚马孙流域热带雨林地区过去 100 年的生态系统 NPP。事实上，由于亚马孙流域地处热带，气候变暖对植被的生长影响不大，而气候变暖所伴随的降水和其他因素可能会导致植物光合作用的降低和自养呼吸的增强。目前普遍认为气候变暖对 NPP 影响最大的是热带雨林地区，因为该地区不存在氮素限制作用，所以气候变暖所引起的氮素释放并不能增加植物生长。相反，气候变暖所引起的植物自养呼吸增加和土壤水分亏缺最终会导致生态系统 NPP 的降低。有研究表明，增温对生态系统 NPP 的影响还存在明显的滞后效应，并且将这种滞后效应归于增温后土壤水分的变化（Sherry et al. ，2008）。

　　由此可见，不同生态系统的 NPP 对气候变暖的响应是不同的。低纬度地区生态系统 NPP 一般表现为降低，而中高纬度地区的生态系统 NPP 通常表现为升高或不变。

二、全球变暖对粮食生产的影响

　　气候变暖对农业生产、农民收入和粮食安全有很大的影响。研究表明，在温带

地区,历史上创纪录的最热季节在许多地区将很普遍,而到 21 世纪末,热带和亚热带地区植物生长季节的温度将超过 1900—2006 年的最高温度纪录。极端的季节热浪将使区域农业大幅度减产,不仅影响当地人民的生活,而且影响世界粮食市场。如法国 2003 年 6—8 月的平均温度比长期平均温度高 3.6 ℃,导致小麦减产 21%,玉米减产 30%,严重影响了人们的生活和农业生产。根据模型预测结果,气候变暖使半干旱地区的温度增加和降水量的减少,将会减少未来主要粮食作物小麦、水稻和玉米的产量。因此,未来气候变暖造成的热浪、作物生长季温度和降水的不确定变化将导致农业减产,严重威胁世界的粮食安全。

气候变暖也会影响农业害虫种群动态,间接对粮食生产产生不利影响。温度升高不仅能使害虫发生期提前,还可以影响害虫为害时期,改变昆虫取食特征。例如,通过对比 1965—2006 年我国山东省西南地区气候资料和棉铃虫发生虫情资料发现,气候变暖使 1、2 代棉铃虫的发生期明显提前,3、4 代棉铃虫也有提前的趋势。基于欧洲玉米螟环境变化评价模型(ECAMON)的研究发现,气候变暖可以使欧洲玉米螟的生长季持续时间增加,为害期变长。研究表明,在温室变温试验条件下,较低的温度条件(23~25 ℃)有利于取食秧苗或灌浆成熟期水稻的褐飞虱种群的增长;而较高的温度条件(27 ℃左右)更有利于取食分蘖、拔节或孕穗期水稻的褐飞虱种群的增长。随着气候的持续变暖,褐飞虱种群有可能由取食秧苗或灌浆成熟期水稻向取食分蘖、拔节或孕穗期水稻进化。

三、全球变暖对生物多样性的影响

在气候变暖背景下,全球生物多样性已经发生了系列变化。生物多样性作为人类赖以生存的物质基础,维持着生态系统平衡,还影响着生态系统的多种功能,改变生态系统的稳定性。在我国的青藏高原,一项两年的增温实验表明,增温使植物群落物种丰富度快速降低了 26%~36%。随着平均温度的升高,许多鸟类种群数量下降。根据美国犹他州立大学研究人员进行的调查发现,气温上升 3.5 ℃,可能导致 600 至 900 种鸟类濒临灭绝。珊瑚被称为海洋中的“热带雨林”,极易受到海水温度升高的影响。根据预测,随着气候变暖,碳排放继续加剧,许多珊瑚将停止生长,它们所遭受的损坏阻碍了其恢复的可能性,并对生态系统中其他生物体产生深远影响,因为珊瑚消失使多种海洋生物失去食物和栖身场所。澳大利亚大堡礁白化是气候变暖背景下生物多样性遭破坏的例证。更进一步的分析表明,珊瑚实质上是由珊瑚虫在吸收海水中的钙和 CO_2 后分泌的石灰石骨骼,而珊瑚虫的生存又离不开虫黄藻。由于虫黄藻对温度非常敏感,海水温度过高会影响其光合作用并导致其产生对珊瑚虫有害的氧自由基,为此珊瑚虫不得不驱逐虫黄藻,而在虫黄藻离开后,珊瑚虫也失去了营养来源,最终珊瑚礁停止了生长,颜色也变成了毫无生气的石灰石。全球变暖是当前澳大利亚大堡礁白化的主要原因。

全球变暖正威胁着全球生物多样性的保持(图 7.7),而人类的可持续发展又以生物多样性为重要依托。因此,无论出于对生物多样性物质贡献的需要,还是环境贡献的需要,全人类必须共同行动起来保护生物多样性,保护我们生活的地球家园。

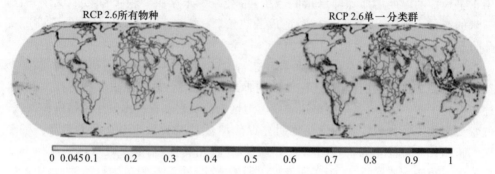

图 7.7　全球不同区域生物多样性受气候变暖影响范围对比(Trisos et al.,2020)
(图中颜色越接近图例的右边,影响越大)

四、全球变暖对流行病发生的影响

气候变暖会增加病原体生长率和存活率、疾病的传染性以及寄主的易受感染性。定向的气候变暖对疾病的最明显的影响与病原体传播的地理范围有关。多世代循环的病原体世代的数量和其他病原体的季节性增长,在气候变暖背景下可能通过两种机制增加——更长的生长季节和病原体生长速度加快。气候变暖最有可能影响在陆地动物身上传染的病原体的自由生长的阶段、媒介阶段或带菌者阶段。科学家认为,最近几十年气候变暖导致了带菌者和疾病在纬度上的转移,这个假说得到了实验室研究和实地研究的证实。有研究表明:①节肢动物带菌者和寄生虫在低于临界温度的时候死亡或无法生长;②随着温度的升高,带菌者的繁殖速度、数量增长和咬伤动物的次数也增加了;③随着温度的增加,寄生虫的生长速度加快,传染期加长。最近,厄尔尼诺-南方涛动的变化已经明显影响到了海洋和陆地的病原体,包括珊瑚虫病、牡蛎病原体、作物病原体、里夫特裂谷热和人类霍乱。气候变暖以几种不同的方式已经并且继续改变疾病的严重性或流行性。在温带,冬季将会更短、气温将会更温和,这就增加了疾病的传播率。在热带海洋,夏季更加炎热,可能使寄主在热度的压力下更加容易受到影响。危及两栖动物的壶菌、鱼类冷水病和昆虫真菌病原体等几种类型的疾病随着温度的升高,其流行的严重性将会降低。

第四节　生态系统对全球变暖的适应与反馈

一、生态系统对全球变暖的适应

全球变暖会对生态系统组成产生影响。例如,气候变暖通过改变物种的生长发育过程和分布,会导致生态系统的物种组成和结构发生显著变化,最终可能改变一个地区的生态系统类型,引起生态系统功能的变化。温度升高有利于喜温植物的扩散和入侵,而一些极端气候事件的发生则会造成本地物种的快速死亡,从而增加外来物种入侵的风险。最终,那些在生态系统中处于劣势的物种被迫退出,新的物种侵入,从而形成新的生态系统。

温度是限制物种分布的主要生态因子,北方物种分布的南界受高温限制,热带和亚热带物种向北分布则受低温的限制。由于气候变暖,生物的分布发生了明显变化。例如,在欧洲山地的研究发现,不同物种的数量有所变化,适应温暖环境的物种增加,而适应低温环境的物种显著减少。生活在北美洲和欧洲的斑蝶分布区已经向北迁移了最多达 200 km。美丽的埃迪斯斑蝶每年在美国加利福尼亚北部到加拿大度过夏季,冬季到墨西哥越冬。在中国内蒙古草原地区,草原群落的组成呈现暖化现象,C_4 植物的比例明显增加。此外,随着全球变暖,很多动植物向高海拔和高纬度迁移。例如,20 世纪以来,欧洲西部山脉发生了植物物种集中向山顶迁移的现象,迁移的平均速度达到每年上升近 3 m;在北美洲洛矶斯山区,因温度上升,那些喜温凉的蝾螈沿自然山体向高处迁徙了 100~200 m;在英国、美国及芬兰等地发现鸟类大量向北迁移,其北扩幅度在 20 年内可高达 70 km。

现有研究表明,极地增温会导致木本植物在极地苔原带扩张,并导致其优势度及群落生物量的增加。相对地,苔藓和地衣的高度、盖度出现下降,苔原群落的多样性降低,进而改变极地植物群落的结构。模型模拟结果表明,随着全球变暖,温带将向极地方向扩展,而温带森林也将侵入当前的北方森林地带。对于北方森林来说,高纬度地区显著的增温将使其分布面积缩小;同时,温带内陆地区由于受夏季干旱的影响,现有的森林-草原景观将向草原-荒漠景观转变。植物形态主要是外在表现形式,是植物在生长过程中根据自身生长规律和外界环境相互作用而形成的植株高度、叶片形状和种子形状等基本状态。随着气候变暖温度升高,植物为了适应外界环境需要改变自己的形态,以减少环境的不利影响。

二、生态系统对全球变暖的反馈

生态系统类型的变化会改变区域乃至全球碳平衡状态。气候变暖会加速生态系统温室气体排放,这会进一步加剧气候变暖,形成正反馈效应。以 CH_4 为例,在俄罗斯西伯利亚北部作科学考察的俄罗斯和日本联合考察组的一份报告称,地球气候日趋温暖使得北冰洋附近的冰山加速融化,而冰山融化所产生的 CH_4 反过来又加剧了地球温度的升高。2012 年,《自然气候变化》杂志上发表了一项英国科学家的研究成果,他们发现全球变暖每升高 1 ℃,地球永久冻土面积就会减少 400 万 km^2,而从这些永久冻土中释放的 CH_4 又会进一步加剧全球气候变暖。此外,通过卫星测量的东非 CH_4 排放量如何与印度洋的温度模式同步,发现 CH_4 的周期排放导致非洲之角附近的水域变暖。另一项研究也表明,气候变暖将导致苏德沼泽(位于南苏丹)排放更多的 CH_4,这反过来又可能加剧气候变暖。另一个让国际社会感到不安的是封存在冻土中的巨量 CH_4 气体水合物(约 500000 Tg CH_4)——"可燃冰"。随着气候变暖的加剧,冻土融化可能导致"可燃冰"中 CH_4 的释放。尽管部分 CH_4 会被甲烷氧化微生物所利用,但消耗量还不确定,"可燃冰"就像威力不断升级的"炸弹"影响着地球气候系统。

总之,气候变暖使得全球陆地生态系统结构、功能以及碳源汇特征和其他的生物地球化学循环过程可能发生改变。生态系统的这种改变又会对全球变化产生反馈作用,减缓或者加剧气候变化的发生。而人类的衣食住行都离不开生态系统,其生产者植物通过光合作用合成有机物,释放 O_2,固定能量,这都是人类社会生存和发展的基础,而目前在生态系统水平,全球变暖导致的干旱已引起了大面积的森林衰退,如北美、中国、澳大利亚等,并造成了生产力的大幅度下降。这些都将深刻影响与人类社会可持续发展息息相关的能源、粮食和环境问题。可以预见,在未来的数十年,生态系统对全球变暖的反应及其可能的反馈后果仍将是全球变化研究的热点之一。

复习思考题

1. 简述气候变暖的影响。

2. 植物如何响应气候变暖?试举例说明。

3. 位于长江源头的青藏高原深受全球气候变暖的影响,试举例说明。

4. 生态系统碳循环的变化是气候变暖影响的表现形式之一。请设计一个实验,说明气候变暖对某一土壤碳过程的影响。

5. 读图文材料,回答下列问题。

下面照片显示一对北极熊母子被困在了一块巨大浮冰上,当时它们距离最近的岛屿也有近 20 km 了。

（1）材料中的照片预示了北极熊正面临生存危机，简述北极熊面临生存危机的主要原因。

（2）列举近年来与气候变暖相关联的一些海洋环境问题，并提出几条解决措施或努力的方向。

参考文献

夏建阳，鲁芮伶，朱辰，等，2020. 陆地生态系统过程对气候变暖的响应与适应[J]. 植物生态学报，44(5)：494-514.

徐小锋，田汉勤，万师强，2007. 气候变暖对陆地生态系统碳循环的影响[J]. 植物生态学报，31(2)：175-188.

张智起，张立旭，徐炜，等，2019. 气候变暖背景下土壤呼吸研究的几个重要问题[J]. 草业学报，28(9)：164-173.

BAI E, LI S, XU W, et al, 2013. A meta analysis of experimental warming effects on terrestrial nitrogen pools and dynamics[J]. New Phytologist, 199：441-451.

BENGTSON L, 1998. The Legacy of Svante Arrhenius－Understanding the Greenhouse effect[M]. Royal Swedish Academy of Sciences, Stockholm University，137.

HUANG M, PIAO S, CIAIS P, et al, 2019. Air temperature optima of vegetation productivity across global biomes[J]. Nat Ecology & Evolution, 3；772-779.

NIU S, LUO Y, FEI S, et al, 2012. Thermal optimality of net ecosystem exchange of carbon dioxide and underlying mechanisms[J]. New Phytologist, 194：775-783.

RODHE H, CHARLSON R, 1998. The Legacy of Svante Arrhenius：Understanding the Greenhouse Effect[J]. Uddevalla：Royal Swedish Academy of Sciences, 137.

SHERRY R A，WENG E，ARNONE J A，et al,2008. Lagged effects of experimental warming and doubled precipitation on annual and seasonal aboveground biomass production in a tallgrass prairie[J]. Global Change Biology，14:2923-2936.

TRISOS C H，MEROW C，PIGOT A L,2020. The projected timing of abrupt ecological disruption from climate change[J]. Nature,580:496-501.

第八章 降水变化的生态效应

水分是生物体的重要组成部分,也是生态系统养分循环和能量流动的载体,在土壤-植被-大气系统物质与能量转化中起着核心和纽带的重要作用。然而,伴随着全球气候变化,降水格局(包括降水量、降水强度、降水频率、降水季节分配和年际变异等)也发生了显著改变。尤其是气候变化导致极端降水事件发生的强度、频度和持续时间显著增加,对陆地生态系统带来深远的影响,严重制约甚至威胁人类社会的可持续发展。因此,未来气候变化导致的降水变化将会对生态系统的结构、功能与生态过程产生深刻影响,也给自然环境和人类社会带来了严峻挑战。为便于理解,本章重点关注降水格局改变以及降水减少(干旱)对陆地生态系统的影响。

第一节 降水变化对生理生态过程的影响

一、降水格局变化对生理生态过程的影响

全球环流模型和经验观测数据均表明未来降水格局变得更加不均匀,很多地区呈现"干季更干、湿季更湿",势必影响或改变生态系统的结构和功能。因此,近年来不少学者通过控制或模拟降水手段,研究了降水格局(降水量、降水强度和频率、降水季节分布和年际变异等)变化对植物生理生态过程的影响。

我国学者利用广东鹤山站森林降雨季节分配变化野外控制实验平台,对次生常绿阔叶林两个共存树种火力楠(*Micheliamacclurei*)和木荷(*Castanopsis fissa*)的树木液流变化、水分利用效率、叶片和木材养分含量以及形态参数进行了系统观测研究。研究发现,两树种的整树液流和内在水分利用效率(WUEi)对降雨处理表现一定的生理稳态性,树木蒸腾对水汽压亏缺(VPD)和光合有效辐射(PAR)的响应无论在干旱、春旱还是加水期均无明显的处理差异。与此相反,单位面积的叶片氮和磷元素含量呈现一定的波动,特别是叶片 N/P 有明显的处理效应,说明降雨季节分配改变对氮和磷双重限制的森林生态系统的养分吸收和利用产生不利影响,进而影响森林生态系统的生物地球化学循环过程。木材的化学计量特征相比于叶片更为保

守。在给定的叶片^{13}C甄别率($\approx ci/ca$，胞间CO_2与大气CO_2比值)，木材^{13}C甄别率没有表现出处理或树种间的差异，说明树木的碳转移没有受到降雨季节改变的影响，部分解释了与"碳经济(Carbon economy)"相关的保守的化学计量特征。枝条边材面积与叶片面积比值与树木蒸腾对VPD的敏感性参数均呈显著负相关，说明树木调整水力结构并结合气孔控制，实现水分利用的稳态性响应，以保持最大的水分利用。进一步的分析发现，火力楠在湿生或轻度水分胁迫下有更强的生长优势；木荷由于根系对土壤深层水分的较多利用和较强的形态可塑性，在未来降雨分配不均或干旱加剧的情形下具有竞争优势。该项研究表明不同树种对降水格局改变可能具有不同的响应模式。

王常顺等(2021)采用集雨棚模拟增减50%降水的条件，以高寒草甸8种主要植物叶片为研究对象，研究了降水变化对叶片性状的影响(图8.1)。研究发现，总体而言，降水变化对植物叶片大小、叶脉密度、稳定碳同位素含量、总有机碳含量和全氮含量具有显著作用；对叶脉率、比叶重和碳氮比无显著作用，说明高寒区的降水变化对植物叶片性状具有显著影响，但是不同性状的具体表现存在差异。不同物种之间的叶片性状均有显著差异。除了全氮含量和碳氮比外，不同物种的同一性状对降水变化的响应均具有显著差异，这说明降水变化对叶片性状的影响因物种而异，叶片性状对降水变化的响应并没有普适的规律。

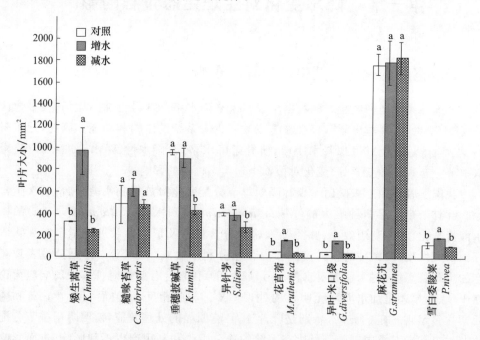

图8.1 不同植物叶片大小对增水和减水的响应(王常顺 等,2021)

降水格局改变还会引起植物经历不同以往的干湿交替过程,进而会导致植物在生长过程中产生适应性的生理反应。研究表明,干湿交替下植物延伸生长区的细胞渗透调节能力会增强。在一定的胁迫范围内,有些植物能通过自身细胞的渗透调节能力表现出抗外界渗透胁迫的能力。例如,有研究表明,干湿交替下植物会显著增强细胞壁的弹性,提高适应新的干湿交替环境的能力。

另外,降水格局的改变同时还会影响生物物种的分布,尤其对那些受水分状况限制较大的物种。例如,环境湿度(特别是生长季和年降水量)是导致小叶锦鸡儿、中间锦鸡儿和柠条锦鸡儿地理分布差异的主导因子。据估计我国北方温带地区到2100 年平均气温会升高 2 ℃,年降水量将增加 35.1～123.8 mm,这将导致几种锦鸡儿的分布区向北迁移,在我国的分布范围缩小。

二、干旱对生理生态过程的影响

当降水低于植物生长所需水分时,植物就会经历干旱胁迫。在植物个体水平上,干旱通过降低土壤水分和养分的可利用性等途径来影响叶片和根系性状。干旱直接影响到植物的生长和发育,极端干旱甚至会导致其死亡。干旱不仅会引起植物生长、生物量分配的变化,气孔密度、净光合速率、气孔导度、蒸腾速率、胞间 CO_2 含量、水分利用效率也会发生变化,且光合作用在面对干旱胁迫反应非常敏感。干旱降低了叶片光合速率、气孔导度,降低光合碳的固定,导致植物分配到地下根系的生物量降低,增加根系死亡率。

在干旱条件下,植物可以从生理生化以及分子生物学角度做出响应(图 8.2)。生理学的响应主要指植物体首先识别根部传来的信号,并调节渗透压,降低叶片水势,此时叶片的气孔导度降低,叶片内部的 CO_2 浓度降低,光合作用受到限制。生物化学角度的响应是指植物体瞬时光化学效率降低,二磷酸核酮糖羧化酶(Rubisco)的效率降低,胁迫代谢产物积累,抗氧化酶增加,进而导致活性氧减少。植物分子响应是最根本的响应,首先是干旱胁迫的基因表达、大量的脱落酸合成、最终合成大量耐干旱的蛋白质。

研究表明,干旱显著降低了植物光合速率。植物在水分亏缺或胁迫条件下光合作用降低的原因有气孔限制和非气孔限制两种因素的影响。气孔限制是指干旱导致植物叶片气孔导度降低,进入气孔的 CO_2 浓度减少,从而直接影响光合作用,可用气孔限制值表示。而非气孔限制是指由于叶片温度的增高,叶绿体活性下降,羧化酶再生能力降低,叶绿体结构发生变化,光合电子系统遭到破坏,从而导致叶片光合作用能力降低。根据 Farquhar 等(1982)的观点,只有当植物净光合速率和气孔导度变化方向相同,两者同时减小且气孔限制值增大时,才可以认为光合速率的下降主要是由气孔导度引起的,否则光合速率下降要归因于叶肉细胞羧化能力的降低。然而,当干旱胁迫到一定程度时,由于叶片光合系统受到破坏,导致羧化效率下降进而使光合速率显著降低(即非光合限制作用),并最终导致叶片水分利用效率的下降。

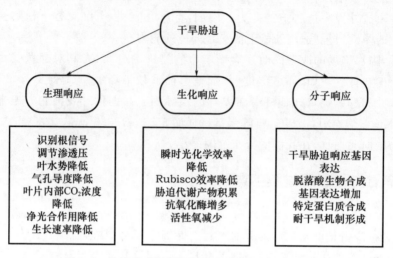

图 8.2 植物对干旱胁迫的响应(Reddy et al. ,2004)

当前关于干旱对植物生理生态的影响,主要在于探讨植物碳水过程对干旱的响应,其中树木致死的内在机制是当前关注的核心和热点问题。"水力失衡"假说认为,干旱导致树木死亡可能来源于木质部导管栓塞引起的土壤-植物系统间的水力传输过程失衡;"碳饥饿"假说则认为,干旱诱发气孔关闭后导致光合作用减弱,使得光合产物不足以支撑植物的正常生理代谢过程,导致植物死亡(图 8.3)。

由于土壤水分条件是影响微生物活性的重要因素之一,因此,降水变化引起的干旱事件还会显著改变土壤尤其是根际微生物的组成。通常情况下,干旱条件更适合于耐旱性微生物如真菌、厚壁菌、放线菌和革兰阴性菌等的生长,导致真菌/细菌比增加。而极端干旱通常可以降低土壤微生物生物量和活性,改变微生物群落组成,此时土壤微生物群落转向渗透胁迫型策略。

干旱不仅影响到土壤微生物的群落结构,同时还会改变微生物的资源分配方式变化(图 8.4),即著名的"资源配置理论"。当土壤处在严重干旱压力之下,微生物对资源的利用策略从用于代谢生长转变为维持细胞生存(如产生保护性有机分子),以此来抵御干旱造成的生理胁迫。当土壤水分条件恢复,微生物开始进入代谢生长阶段,间接地维持了生态系统的功能稳定性。在水分条件变化下土壤微生物的响应策略和机制大致可分为以下几方面。

(1)积累胞内溶质

在干旱时期,土壤的水势下降,微生物为防止细胞脱水大量合成低分子量的有机溶质(如醇类、氨基酸、季铵类及嘧啶衍生物等有机物质),以维持自身水势与细胞外水势保持相当(如图 8.4 中的细胞 B);而当土壤的水分条件恢复之后,这些胞内物质又会被细胞用于代谢。真菌对水分条件变化的耐受性,除了其生理结构的优势外,还会在缺水环境下合成海藻糖、甘油等溶质。这些溶质会结合磷脂的极性亲水部位使细胞膜处于正常形态,从而有效保护微生物免受干旱的影响。而细菌则通过积累胞内脯氨酸、谷氨酰胺等氨基酸类溶质平衡水势变化。

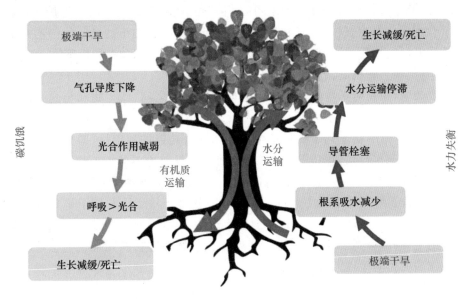

图 8.3　干旱诱发的"碳饥饿"和水力失衡假说示意图(周贵尧 等,2020)

(2)产生胞外聚合物

胞外聚合物(extracellular polymeric substances,EPS)是一类来自微生物或植物根系分泌的两性高分子聚合物,其主要成分为胞外多糖,还包括蛋白质、胞外 DNA、酰胺类物质、脂质等其他组分。产生 EPS 是微生物应对水分压力的重要策略之一,其含量的动态变化同样受水分条件的驱动。绝大部分 EPS 含有羧基、羟基、氨基等多种亲水活性官能基团,使其对水分具有更强的吸附能力而降低干旱对微生物造成的伤害。在土壤水分含量逐渐降低的过程中,部分微生物如蓝藻菌门和酸杆菌门对能量和资源重新分配(由生长向维持生存的策略转变),大量合成 EPS 使整个微生物细胞包被在其中以减少水分流失,如图 8.4 中的细胞 C。此外,EPS 不仅自身包含了丰富的微生物可利用碳源,而且作为纽带连接了微生物与富集在土壤团聚体内部或表面的有机质,为微生物提供了有利于生存的微环境。

(3)采取休眠策略

当微生物的生长环境受到严重干扰而不利于其生长时,有的微生物细胞会进入缓慢代谢或休眠的状态,对环境胁迫产生极强的抗逆性。如很多微生物通过营养细胞产生的孢囊细胞结构,或有些厚壁菌及放线菌产生的芽孢即是一种休眠体。休眠状态下的微生物代谢活性极低甚至停止代谢,直到环境条件有利于其生长时再次恢复代谢活性。因此,微生物在活性与休眠状态间的转化是其对随机发生的环境事件所采取的重要应对策略之一(图 8.4 中的细胞 D)。据估计,土壤中约 90% 的微生物处于休眠或非活性状态,至少 25% 的土壤基因组含有使微生物从休眠状态向代谢状态转变的"复苏"基因。在土壤缺水的干旱环境中,迫使有些土壤微生物从活跃状态向减缓代谢的休眠状态转变,直到水分条件恢复,休眠状态下的微生物细胞或休眠体结构则开始进行代谢活动或发芽繁殖,从而竞争生存资源和有利生态位。

(4)其他微生物机制

研究表明,植物对干旱的耐受能力与根际微生物之间、微生物和植物之间相关抗逆性功能基因(如编码热激蛋白的 HSP17.8 基因)的水平或垂直转移关系密切。此外,微生物群落的功能冗余确保了土壤生态系统功能的稳定性,即对水分响应不同的微生物可能执行某种相同的生态功能,对因干旱胁迫下的微生物物种丢失而造成生态系统功能的影响形成一定的缓冲作用。微生物群落功能的冗余程度越高,其维持生态系统正常功能的能力越强。例如盐碱湿地土壤经历长期干旱后再加水回湿后,土壤微生物群落结构彻底改变,但土壤中的微生物功能(胞外 β-葡萄糖苷酶与氨肽酶的活性)却得到及时恢复,潜在说明了微生物群落功能冗余是生态系统在水分条件剧烈变化下保持生态系统功能稳定的生态学机制。

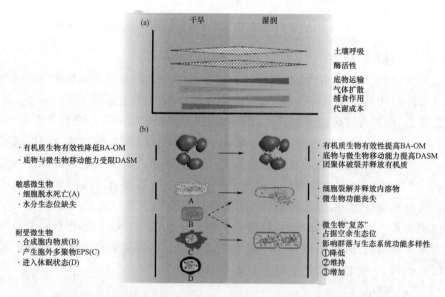

图 8.4　土壤微生物对土壤水分变化的响应过程(朱义族 等,2019)

近些年来,科研人员越发关注干旱对土壤生态系统产生的"遗留效应(Legacy Effect)",即干旱在一定程度上改变了土壤生态系统的微生物群落组成,即便水分恢复到适宜条件,响应水分变化的活性和非活性微生物多样性和丰度均会发生不同程度的变化,土壤的微生物生态环境依旧难以完全恢复,影响生态系统功能完整性,甚至改变微生物群落的进化轨迹和土壤过程。研究表明,干旱胁迫影响土壤微生物群落的"遗留效应"大小与土壤的水分条件息息相关。经历过干旱历史的土壤通过选择一系列的耐旱微生物种群,能更好地适应后续的二次或多次干旱事件。

第二节　降水变化对物质循环的影响

一、降水变化对植物生态化学计量学特征的影响

生态化学计量学是生态学上的一个理论,简单而言是研究有机体或整个生态系统主要化学元素(主要是 C、N、P)平衡的科学。为了研究未来降水的时空变化对植物生态化学计量学特征的影响,众多学者进行了一系列增水和干旱等水分控制试验(表 8.1)。有研究发现,在温暖湿润的环境中,适度干旱处理会提高植物对氮的吸收效率和降低植物生长速率,最终导致植物碳氮比降低。但是,干旱处理会激发植物一系列的保护机制,如提高植物体内脱落酸的积累速率和超氧化物歧化酶合成速率,以及植物根冠比,引起植物叶片气孔关闭,降低叶面积,并且植物会在蛋白质和代谢物组上逐步识别应对干旱胁迫的氮利用策略变化。此外,在干旱胁迫条件下,植物根系和菌根也有一定的应对策略。一方面,根系会分泌更多的分泌物以促进根际螯合作用,进而提高对养分的吸收效率;另一方面,干旱会提高菌根共生水平,有利于根系吸收土壤水分和营养元素。有研究发现,干旱处理促使植物分配更多的氮给根部,以提高植物对水分的吸收能力,从而降低植物根的碳氮比。但是在降水较少的地区,干旱处理会降低土壤有效养分水平和植物的净光合速率,改变植物体内的养分再分配规律,进而影响植物的碳氮比。

表 8.1　增水(A)/干旱(D)处理对植物叶、茎和根生态化学计量学特征的影响(洪江涛 等,2013)

研究地点	气候条件	物种	增水/干旱 A/D	叶			茎			根		
				C:N	N	N:P	C:N	N	N:P	C:N	N	N:P
中国内蒙古草原	MAT:1.1 ℃;MAP:345 mm	大针茅 *Stipa grandis*	A	—	↑#	—				—		
		羽茅 *Achnatherum sibiricum*		↓#	↑#							
		糙隐子草 *Cleistogenes squarrosa*		↑#	↑#							

续表

研究地点	气候条件	物种	增水/干旱 A/D	叶		茎		根	
				C:N	N:P	C:N	N:P	C:N	N:P
美国加利福尼亚	MAT:19.3 ℃ MAP:677 mm	毛雀麦、黑麦草、多裂叶老鹳草 *Bromus hordeaceus*, *Lolium multiflorum*, *Geranium dissectum*	A	— *					
丹麦	MAT:8.0 ℃ MAP:613 mm	帚石楠、曲芒发草 *C. vulgaris*, *D. flexuosa*	D						
西班牙	MAT:15.1 ℃ MAP:580 mm	南欧球花 *G. alypum*	D	↑33%		↓27%		—	
		野蔷薇 *E. multiflora*		↑17%	—	↓25%	↑#		
地中海沿岸	MAT:12 ℃ MAP:658 mm	冬青栎 *Quercus ylex* 高山红景天 *Phillyrea latifolia* 垂花树莓 *Arbutus unedo*	D			—		↓#	↑#

* 植物群落地上部(包括茎和叶)。↑、↓、—分别代表上升、下降和不变的趋势;♯代表所引文献未列出具体数据,只标明变化趋势;—代表所引用文献数据缺失;MAT:年均气温;MAP:年均降雨量。

就目前来看,有关植物组织内氮磷比对降水变化响应的研究还比较少。已发表的数据显示,由于研究地点、物种、限制元素,以及水分状况对土壤养分有效性和植物营养元素影响的差异,降水变化对植物氮磷比的影响尚不明确。例如,在地中海地区的研究表明,适度干旱会增加土壤有效氮和有效磷,但降低了植物体内的氮磷浓度。在我国内蒙古草原地区,额外增雨可以提高土壤氮矿化速率,从而提高了绿叶和老叶的氮磷比值;而在美国加利福尼亚州草原系统中,增雨并没有改变植物地上部分的氮磷比,改变了禾本科植物衰落叶片碳氮含量。由于目前土壤-植物之间碳、氮、磷传递与调控机制的研究还比较薄弱,对该现象进行全面的解释还比较困难,因此,降水变化对植物生态化学计量比影响的研究还有待于进一步深入。

二、降水变化对碳循环的影响

降水格局变化会导致土壤经历不同以往的干湿交替,影响土壤有机质矿化过程、微生物活性和根系活性,进而改变生态系统碳循环过程。土壤呼吸是生态系统碳循环的关键过程之一。1958 年德国学者 Birch 研究发现,干旱的土壤复水后,呼吸作用在短时间内会显著增强,导致土壤 CO_2 出现脉冲式释放。与恒湿土壤相比,多次干湿交替能显著激发土壤有机碳矿化,同时这种激发效应(Priming Effect)会随着干湿交替频率的增加而逐渐减弱,因为在没有外源有机物输入的情况下,随着干湿交替的次数增加,土壤中有机质会越来越少,相应地释放的 CO_2 量就会减少。

尽管多项降水控制试验研究均显示土壤呼吸对降水变化的响应呈非线性模式,但不同地区土壤呼吸对降水变化的响应规律并不一致,降水变化条件下主导土壤呼吸的环境因素亦不明确。从年变化来看,不同干湿条件下土壤呼吸对降水变化的响应规律并不同,通常在干旱条件下土壤呼吸对降水增加的响应比湿润条件下更明显。例如,在我国西双版纳热带雨林中,由于降水丰富,土壤含水量对土壤呼吸的影响远小于土壤温度;在高寒湿地,相比于其他环境因素,土壤水分是影响土壤呼吸的主要因素,并与土壤呼吸呈极显著正相关;而在美国加利福尼亚一年生草原中,干季土壤呼吸对降水增加的响应显著,而在湿季对降水变化无明显响应;在中国南部3种常见的亚热带森林区(包括马尾松林、针阔混交林和季风常绿阔叶林),旱季土壤呼吸随降水量的增加而增加,而湿季土壤呼吸随降水的减少而增加。

研究表明,在土壤干旱条件下,降水引起的土壤干湿交替可能会通过以下几个途径影响土壤呼吸(图8.5):①通过雨水短时间置换土壤中 CO_2,或土壤水分含量增加促进无机碳酸盐分解释放 CO_2,进而对土壤呼吸产生激发效应。②通过增加土壤微生物呼吸所需底物,使土壤呼吸速率迅速提高。增加的底物主要包括受降水冲击土壤团粒结构所释放的有机物质、干燥土壤快速湿润导致细胞结构破裂死亡而形成的微生物残体、干湿交替刺激微生物释放的胞内有机渗透物以及微生物在干旱时无

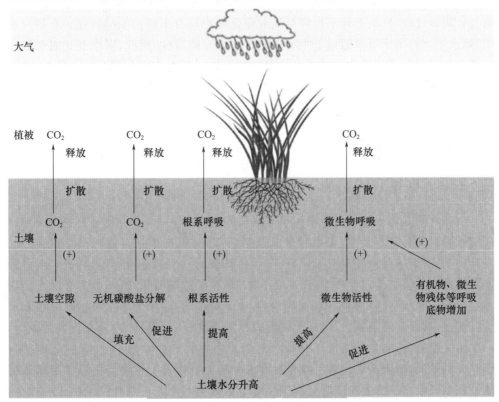

图 8.5　降水引起的干湿交替对土壤呼吸的影响(李新鸽 等,2019)

法获得的其他有机物质等。③通过雨水淋洗表土层盐分,提高土壤水分含量,缓解微生物呼吸的水盐限制,进而提高微生物活性,刺激土壤呼吸。④通过缓解根系的水盐胁迫,提高根系活性,进而提高土壤呼吸速率。⑤通过提高土壤微生物活性,促进微生物快速分解地表凋落物。⑥通过提高土壤微生物生物量和物种丰度,提高微生物呼吸。⑦通过影响干湿交替过程中微生物活性和底物可用性以及土壤碳的分配调节显著提高土壤自养呼吸和异养呼吸。

全球气候变化模型预测 21 世纪下半叶降水格局将发生重大改变,这将对陆地生态系统碳循环过程产生显著影响。土壤呼吸作为全球碳循环中最关键的组分,其微小变化都会显著影响大气 CO_2 浓度,进而影响区域和全球的碳平衡和气候变化。在以水分为主要限制因子的半干旱区,土壤呼吸要受土壤水分和土壤温度的控制,所以降水变化将通过改变土壤微气象条件(如土壤水分和土壤温度)影响土壤 CO_2 通量,进而增加对区域碳预算评估的不确定性。因此,揭示土壤呼吸对降水变化的响应将在很大程度上提升人们对全球和区域碳平衡的了解。

需要指出的是,降水变化除通过改变土壤水分影响土壤碳循环外,还会影响植物光合固碳过程,且地上地下过程对降水变化可能具有不同的响应特征。有研究表明,降水变化对半干旱草原地上生物量的影响具有滞后性,因此,降水变化对植物生长状况的滞后性可能导致根系呼吸及根际微生物呼吸也表现出滞后性。另外,也有研究发现,土壤微生物群落结构及多样性对气候变化的响应存在滞后性,因此,土壤微生物群落对气候变化的滞后响应可能会导致异养呼吸出现滞后响应。由此可知,植物群落和土壤微生物群落对降水变化的滞后响应可能是形成土壤呼吸表现出遗留效应的主要原因。

三、干旱对碳循环的影响

全球气候变化很可能同时增加干旱胁迫的强度和频率,也由此对土壤碳循环产生深远影响。有研究表明,土壤呼吸及其组成部分(包括根系自养呼吸、菌根呼吸、异养呼吸)对干旱胁迫的响应可能有所不同(图 8.6)。总的来说,异养呼吸对干旱胁迫的敏感性高于根系自养呼吸(图 8.6a)。在干旱胁迫的初始阶段,异养呼吸在土壤上层开始下降,而根系自养呼吸保持稳定,从而增加了其对土壤总呼吸量的相对贡献。然而,与根系呼吸相比,极端干旱胁迫导致土壤呼吸的异养成分有更大的减少。一些研究表明,长期且频繁的干旱事件对微生物呼吸的影响大于土壤呼吸,而其他研究人员发现,根系呼吸比微生物呼吸对水分胁迫更敏感。这些矛盾的实验结果可能是在不同生态系统和不同时间测量尺度上运行的。由于土壤颗粒上的水层较薄,不稳定基质的扩散减慢,干燥土壤中分解有机物所需的外酶活性降低。因此,菌根呼吸速率在干旱胁迫期间下降,且对干旱胁迫比异养呼吸更敏感。在淹水系统中,土壤呼吸随着地下水位下降和泥炭开始干燥而增加。土壤干燥提高了土壤孔隙率，能刺激微生物活性来增加异养呼吸。然而，与异养呼吸相比，根系相关呼吸作用集中在最上层的泥炭层，且对干旱胁迫不敏感（图 8.6b）。

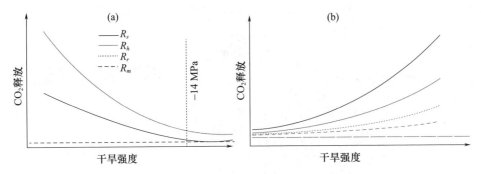

图 8.6　土壤呼吸（R_s）、根系呼吸（R_r）、菌根呼吸（R_m）和
异养呼吸（R_h）沿干旱胁迫梯度的变化（Wang et al. ,2014）
（垂直虚线表示土壤水势约为 -14 MPa 时异养呼吸近似为 0）

土壤呼吸组分对干旱的响应随土壤湿度变化而异。由于根系呼吸、微生物呼吸和异养呼吸对干旱胁迫时间和持续时间响应的不一致性，就需要量化不同陆地生态系统在不同干旱胁迫强度和频率下土壤呼吸速率及其组成部分的变化。此外，干旱胁迫，特别是极端干旱对土壤呼吸的影响可持续 1～9 年，长期和连续的测量是必要的。例如，一项在丹麦的研究表明，3 年干旱期间和干旱之后的观测结果显示，土壤呼吸与土壤湿度显著相关，这种关系在土壤后期复湿间观察到的部分数据中尤其显著（图 8.7）。

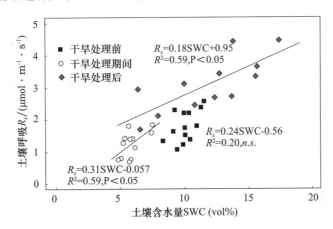

图 8.7　欧石楠灌丛系统土壤呼吸与土壤含水量关系（Selsted et al. ,2012）

干旱通过影响地上和地下凋落物的碳输入，以及土壤有机质矿化过程（碳输出）来影响土壤碳的积累或碳储量（图 8.8）。研究表明，总体上干旱一方面减少了植物

地上凋落物输入,引起了光合作用产物向地下根系转移(根冠比增大);另一方面,干旱降低了凋落物分解速率和矿质土壤异养呼吸速率,因此,在短期内干旱对全球森林生态系统有机碳库储量影响不大。另外,发生极端干旱也会促进土壤有机碳矿化的初始脉冲响应,这可能是由于极端干旱时微生物对水分有效性响应增强所致。

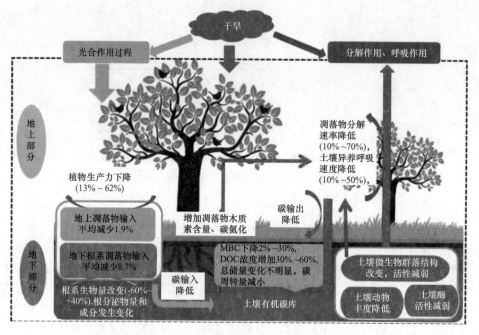

图 8.8　干旱对土壤有机碳影响概念框架图(徐晨 等,2022)

四、降水变化对氮循环的影响

土壤氮循环与降水量关系密切。研究表明,年降水量小于 100 mm,土壤氮循环主要由非生物因素决定;年降水量大于 100 mm,生物因素的作用可能更大。一般情况下,降水量增加将提高土壤湿度,促进无机氮淋溶、反硝化作用、植物和微生物氮吸收,提高土壤净氮矿化速率,降低土壤无机氮含量;相反,降水减少将导致土壤湿度下降,抑制植物和微生物活动,降低土壤氮矿化速率和 N_2O 排放,提高土壤无机氮含量。然而,另外一些研究表明,降水并不会显著影响土壤氮矿化速率,有些因为土壤微生物对适度干旱具有一定的抵抗力;或者地上净初级生产力和植物氮吸收未受影响;或者因为土壤净氮矿化速率和净硝化速率的温度敏感性下降。

除了降水量外,土壤氮循环还受降水的季节分布影响。在干旱和半干旱生态系统中,旱季土壤氮周转率低,微生物死亡加剧,植物吸收养分能力下降,导致土壤 NO_3^- 含量、不稳定有机质含量和 NH_3 挥发增加;而在雨季时段,粗质地土壤的氮矿化速率随降水量增加呈线性增加,细质地土壤的氮矿化速率则先增加而后趋于饱和,土壤不稳定有机质含量由于土壤微生物活动和植物吸收养分能力的增加而显著下降,而土壤 NO_3^- 淋洗、反硝化损失、氨化和固氮作用增加。另外,短期降水使氨挥发和反硝化的氮损失增加,虽然氮损失的量少,但长期累积的损失却远大于湿润生态系统。土壤净氮矿化速率亦具有明显的季节性,一项在美国新泽西州橡树和松树混交林的研究发现,土壤净氮矿化速率与土壤湿度的关系随着季节发生变化,在5月、7月和9月两者的关系分别呈负相关、正相关和不相关。在美国大弯国家公园荒漠草原进行的一项为期7年的季节增雨试验表明,增雨25%处理第3~5年其土壤微生物量和丛枝菌根真菌丰度显著高于自然降雨,增雨处理第5~7年其土壤硝态氮和有效磷含量显著低于自然降雨,表明土壤微生物和养分对季节性降水变化的响应具有滞后效应。以往开展的降水波动对土壤氮循环的影响研究时间较短,通常为1~4年,这对揭示土壤氮循环对降水变化的长期响应具有一定局限性。

五、干旱对土壤氮循环的影响

土壤氮库对干旱的响应主要受干旱强度和干旱间隔时间的影响。国外学者在美国橡树和松树混交林系统进行的降水控制试验研究表明,完全去除降水两年,受土壤水分扩散能力下降的影响,植物和微生物对氮素的吸收减少,而单位土壤有机质的氨态氮含量大幅度提高。然而,另一项研究发现,改变干旱间隔时间(每7 d和21 d浇水1次)并未显著改变栓皮栎林土壤矿质氮含量,一方面是因为林下植物生长量积累及其对氮素的需求未受干旱间隔时间的影响,另一方面是因为土壤氨态氮水平本身受土壤湿度的影响较小。

干旱会抑制土壤 N_2O 的产生和排放,但是抑制程度存在很大的空间异质性和植物物种差异。例如,有研究表明,夏季干旱处理3个月在不同程度地减少了热带森林的土壤湿度和交换磷含量,从而降低了土壤 N_2O 净排放。国外学者对欧洲槭树、山毛榉、椴树和白蜡树4个树种进行了7周夏季干旱处理,发现夏季干旱能显著抑制土壤 N_2O 排放。然而,由于树种之间土壤温湿度、细根生物量、菌根类型、叶面积和叶片光合速率不同,会导致土壤 N_2O 排放受干旱的抑制程度存在差异。

另外,干旱条件下土壤中存在碳氮磷循环解耦现象,并进一步影响到生态系统相关过程。例如,一项在美国草地进行的为期11年夏季干旱处理试验研究发现,土壤矿质氮含量比对照提高了5倍,但是受到土壤水分限制,草地地上、地下部分生物量和土壤 CO_2 排放量均显著低于对照处理,表明碳氮循环发生了解耦(图8.9)。同样,在澳大利亚草原系统中,也有研究发现植物氮吸收过程对干旱的敏感性大于微生物氮吸收过程,而植物磷吸收过程对干旱敏感性则小于微生物,表明氮磷循环发生了解耦。

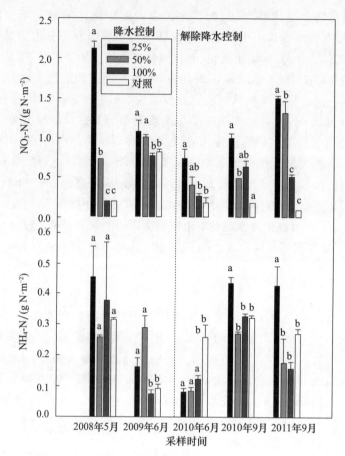

图 8.9　干旱处理第 10～11 年(2008 年和 2009 年)以及胁迫解除后(以虚线指示,2010 年
和 2011 年)矮草草原系统土壤硝态氮和铵态氮变化(Evans et al.,2013)
(图中同一采样时间不同小写字母表示处理间差异显著)

六、降水变化对水循环的影响

水分有效性是绝大多数生态系统物质生产过程的关键控制因素。降水格局改变直接影响水分向生态系统的输入过程,植物蒸腾、降水入渗、水分蒸发等一系列生态水文过程都会发生改变,进而显著改变生态系统水循环。

降水格局变化会影响植物蒸腾作用和水分利用过程。在降水不足时,植物叶片气孔会自动关闭,使得植物蒸腾速率下降,从而减少植物组织内部的水分散失,作物会因适度缺水而保持较高的水分利用效率(WUE),通常与降水量呈负相关。湿润和半湿润地区植物的 WUE 较低,是由于降水增多导致空气湿度、土壤含水量增加,植物叶片气孔导度增大,蒸腾作用增强,从而降低 WUE。例如,有研究表明,在降水梯度在 491～1299 mm 的欧洲栓皮栎 WUE 随降水增多而降低。从群落角度来说,较低的 WUE 保证了植物充分利用丰富资源,以增加生长速度和干物质积累。而在干旱和半干旱地区,有效水分是控制植被功能最重要的因子,其减少会提高植物的生理胁迫和脆弱性,甚至造成森林消失。我国学者研究发现,新疆天山阜康荒漠植物 WUE 值与年降雨量表现出显著的负相关关系,表明植物在干旱生境下会选择更为保守的水分利用方式,通过提高 WUE 来适应干旱胁迫。但是,也有研究表明,随土壤含水量减少,生态系统 WUE 降低。这说明在极端干旱条件下,除了气孔因子外,其他非气孔因子导致了植物的光合速率下降。例如,我国学者对东北样带研究发现,随着干旱加剧,植物 WUE 逐渐升高,至一定水平后下降,说明植物 WUE 在干旱程度上存在一个特定的阈值。Limousin 等(2009)提出干旱对树木水分利用过程的抑制作用主要源自于三个级联式过程,即气孔导度的下降、水分在土-叶传输过程中的水力导度改变和叶面积的下降,这进一步验证了生态水文平衡理论,即在水分受限环境条件下,生态系统会形成一个稳定的冠层密度,以平衡光合生产和干旱胁迫压力。降水变化对植物水分利用过程的影响还取决于物种差异以及区域气候、土壤状况,因此,需要开展更多机理性研究。

在生态系统尺度上,随着降水量的增加,生态系统蒸散量和 WUE(即消耗单位质量的水所固定的大气 CO_2 量,用总生态系统生产力与蒸散量的比值表示)可能会增加、降低或者保持不变,并取决于植被类型及研究尺度。例如,我国学者研究发现,沿西北—东南随降水量的增加,黄土高原地区生态系统 WUE 逐渐降低(图 8.10),同时 WUE 存在显著的年际变异。生态系统 WUE 对降水的敏感性存在阈值效应,即小于 500 mm 降水量,WUE 会随降水和植被指数 NDVI 的增加而升高,而超过 550mm 降水量,WUE 则随降水和 NDVI 增加而降低。灌丛 WUE 对降水的敏

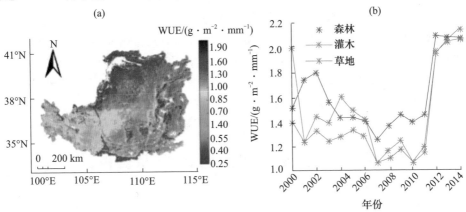

图 8.10　2000—2014 年黄土高原生态系统平均水分利用效率(WUE)时空分布 (裴婷婷 等,2019)

(a)平均 WUE,(b)WUE 动态变化

感度显著高于森林和草地。尤其是在干旱半干旱区域,水分亏缺是该区域植被生长的主要限制因素,全面理解该区域气候和植被对 WUE 的驱动作用对于未来预测陆地表面-大气相互作用和陆地生态系统的动态变化至关重要。

降水是土壤水分变化的主要驱动因素。降水变化会改变水分在土壤中的入渗和蒸发过程,进而改变土壤水分状况。大降水事件通常能导致降水入渗较深,而小降水事件降水入渗较浅,导致不同植物生长响应的降水阈值有所差异。然而需要指出的是,受植被类型、土壤水分相关物理特性以及区域气候状况影响,土壤水分与降水量之间并不是简单的线性关系。例如,我国学者对青藏高原地区的研究发现,在各种气象因子中,降水是影响大部分地区土壤水分时空变化的最主要因子,但在喜马拉雅山脉地带,尤其山脉北坡,温度和太阳辐射有较高的影响,而本地区未来降水和温度均呈上升趋势,干旱指数在一定程度上能解释未来土壤水分的变化格局。在湿润气候区,土壤水分常处于较高水平,降水事件的集中分配使降水间隔延长,增加了植物受干旱胁迫的时间;而在干旱气候区,土壤水分常处于较低水平,降水的集中分配使水分渗入到更深土层,降低了蒸发损失,延长水分滞留在土壤中的时间,从而减少了植物受干旱胁迫的时间,而处于中等降水的生态系统往往成为对降水季节分配最为敏感的地区。另外,降水集中分布到大降水事件也导致土壤水分在不同层次之间分配比例改变,相当于在空间上改变了生态位,不仅仅促进干旱草原生态系统生产力,尤其促进灌木生产力的增加,进一步可能导致生态系统物种组成的改变。

降水是流域水文过程的主要控制因素,因此,降水变化还会在流域尺度上影响水循环过程。例如,很多研究表明,降水量是影响河流地表径流量的直接气候因子,但降水量与地表径流之间的关系并不一致。例如,我国学者研究表明,从 20 世纪 90 年代初到 21 世纪初降水的减少可能是导致黄河上游和源区径流锐减的主要原因,而长江流域年平均径流量在 1960 年以后呈现不显著的上升趋势,径流主要受中下游季风气候带来的降雨影响。国外学者研究墨累—达令河流域降雨和径流演变特征及归因时,认为低径流量归因于干旱的水文气候特征,其中降水的季节变化对径流的影响最大,其次是降水的年际变化率,然后是较高的潜在蒸散量。

第三节　降水变化对生态系统服务的影响

一、降水变化对植被生产力的影响

全球变化背景下降水格局(降水量、降水强度、季节分配、年际变异等)发生了显著改变,已显著影响到陆地生态系统功能,尤其是初级生产和次级生产过程。降水控制和野外观测可为深入了解降水格局改变对植被生产力的影响提供基础数据,而模型模拟手段则可帮助认识理想化或特定气候情景下植被生产力对降水变化的响应规律。降水格局改变对不同地区的不同类型生态系统生产力影响存在显著差异,主要体现在降水量、降水频率/强度、降水季节分配和降水年际变异等几个方面。

1)降水量变化的影响

在生长季降水量相同的情况下,极端降水(次数较少但单次降水量较大)往往会对除干草原和湿冷地区森林系统外的大多数生态系统植被生产力产生负面影响。研究表明每个生态系统都存在一个有效降水范围,只有当降水超过一定阈值时(即一个有效降水下限),一些生态系统过程(如生产力)才会对降水响应。降水后植物可通过调整生理生态策略有效利用降水而生长,如可以增加光合酶的合成,可以增加根和叶片的数量,但这些都需要能量消耗,如果降水事件脉冲强度较小,那么碳吸收不能平衡之前的消耗,生态系统呈现碳排放状态;只有脉冲达到一定强度后,即超过有效降水范围时,才会产生净碳吸收。

2)降水季节分配的影响

首先,生长季节早期的降水对植被生产力的影响大于其他生长季节的降水,这表明降水格局变化对植被生产力的影响存在着一定的生育期依赖性;其次,雨季时间长度对植物生长而言是一个重要的降水特征因子,尤其是在降水匮乏的地区。通过降低降水频率或降水强度延长雨季时段长度,将会扩展植物生长的时间生态位,进而提高植被生产力(图8.11)。根据非洲地区模型模拟结果,生态系统总初级生产力对雨季长度的敏感性是其对降水频率或降水强度的三到四倍,影响最大的是半干旱地区灌木林系统。

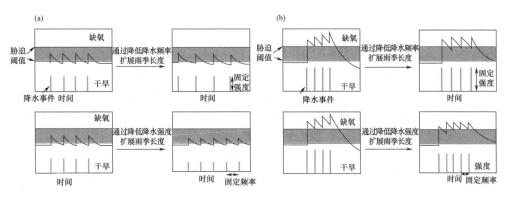

图8.11 不同降水模式下雨季长度对土壤水分的影响(Liu et al.,2020)

(a)低降水频率和低降水强度——负效应,(b)高降水频率和高降水强度——正效应

3)年际降水变异的影响

相关降水控制试验和野外调查分析结果表明,降水年际变率的增加对生态系统生产力具有负面影响,而对增雨/减雨实验的整合分析结果则显示出一种显著的正向效应,这说明年降水-生产力关系存在一种"双重不对称(Double asymmetry)"模式,即正常年份具有微弱的正效应,而在极端干旱或湿润年份则会产生强烈的负面影响(图 8.12)。

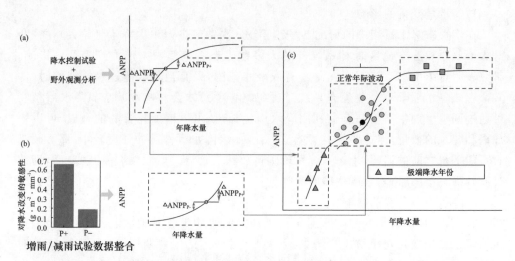

图 8.12 植被地上净初级生产力(ANPP)与年降水量的关系(Liu et al.,2020)

(a)基于降水控制试验和长期野外观测结果所展示的下凹式关系;(b)基于增雨(P+)/减雨(P-)试验数据整合结果展示的上凹式关系,其中蓝色柱状图代表地上净初级生产力对降水改变的敏感性,△ANPP_{P+} 代表湿润年份生产力的增加量,△ANPP_{P-} 代表干旱年份生产力的增加量;(c)"双重不对称(Double asymmetry)"模式,包括了正常年份的年降水正常波动范围内的上凹式关系和极端降水年份的下凸式关系,其中黑色实心圆代表年降水的正常状态,虚线框内为年降水量的正常波动范围

需要指出的是,降水变化对植被生产力的影响涉及很多个过程,并受很多因素影响(图 8.13)。同时,降水事件特征(大小、间隔、频度)的相对重要性在不同区域可能存在一定差异,在干旱地区,降水事件大小和生长季降水频度比年降水量更重要,而在湿润地区,降水间隔最重要。如果将土壤水分视为连接降水和生态系统生产力的关键,降水格局改变还可以通过影响温度、辐射以及土壤养分而作用于草原生态系统生产力。例如,在青藏高原的研究发现,同等降水量时,降水频度越少、降水间隔越长的年份生态系统生产力越高,这是由于在高原地区,降水必然伴随着温度的骤降,而降水后的长间隔则可以保持较长时间的相对高温,进而有利于受温度限制的青藏高原植被的生长。而大降水事件前若有几次小降水事件的分布,土壤养分利用有效性可能更高,更有利于生产力的增长。但若该大降水事件过大(如极端降水)或者小降水事件后大降水事件并没有出现,则会由于淋溶或植

被受水分限制而造成养分的损失,尤其在养分贫瘠地区将不利于植被生长和生产力增加。

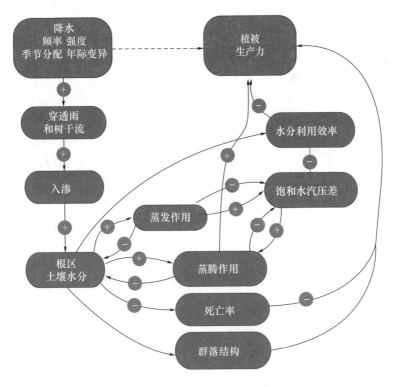

图 8.13　降水对植被生产力影响的概念模型(Liu et al.,2020)
(图中橙色路径只在水分受限情况式发挥作用,路径上的＋/－号表明正/负效应)

二、干旱对生态系统生产力的影响

在过去几十年间,国内外学者针对草地、农田、湿地、荒漠及森林生态系统生产力对干旱的响应开展了大量研究。结果表明,在草地生态系统中,干旱影响牧草返青,严重时可导致草地退化,降低植物的地上生产力;在农田生态系统中,干旱往往造成农作物减产甚至绝收;在荒漠生态系统中,干旱改变植物群落的物种组成,降低植物的多样性;在湿地生态系统中,干旱造成土壤盐渍化,引起湿地退化甚至消失;在森林生态系统中,干旱引起森林树木的枯萎、死亡,减少森林的覆盖率。但因生态系统具有复杂性、异质性等特点,有关干旱如何影响陆地生态系统的理解尚不完整。

干旱可以抑制光合作用,进而降低陆地生态系统总初级生产力,同时降低生态系统的自养呼吸,而对异养呼吸的影响则依不同生态系统而异(图 8.14)。干旱还可以通过影响其他的干扰形式间接地减少陆地生态系统生产力,如增加火干扰的发生频率和强度,以及增加植物的死亡率等。在生态系统水平上,干旱可以减弱生态系统的碳汇功能,甚至使其从碳汇变成碳源。干旱作为一种气候现象,它可以影响光合作用而直接影响到陆地生态系统生产力,也可以通过改变根系呼吸和异养呼吸,以及其他干扰形式发生的频率和强度来间接地影响陆地生态系统生产力。

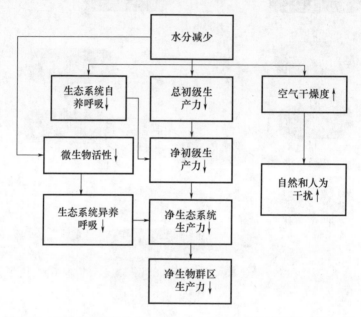

图 8.14　干旱影响陆地生态系统生产力的主要表现(田汉勤 等,2007)

三、降水变化对生物多样性的影响

　　从区域到全球范围,降水变化都深刻影响着植物群落的空间分布和时间动态以及多样性特征(表 8.2)。草地不同生活型植物多样性与气候变化关系密切。就群落的结构而言,随着干旱的加剧,物种多样性递减,其组成也发生明显变化。通常,暖湿气候有利于多年生植物多样性的增加,而持续暖干气候会提高一年生植物多样性。例如,我国学者早期研究发现,东北地区植被群落的物种多样性梯度变化为森林>草甸草原>典型草原>荒漠化草原。有学者对欧亚大草原1831个样点地上生物量数据分析发现,过去 34 年(1980—2014 年)的年降雨量对该区域地上生物量影响显著。我国学者研究发现,在暖湿气候条件下,中国内陆大部分半干旱和干旱区的植被盖度显著增加,但也有研究发现年降水量的增加对植物多样性没有显著影响。大量研究数据显示降水越丰沛的地带,物种丰富度越高,物种丰富度与年降水量呈显著正相关。另外,降水的空间变化会对植物物种分布和多样性产生影响。例如,在森林生态系统中树种多样性通常随年降水量的增加而增加,并且降水的空间变化对植物物种的分布影响很大;而随着年降水梯度增加,植物多样性沿荒漠-荒漠草原-典型草原-草甸草原的梯度增加。降水分配格局也会影响植物物种多样性。研究表明,生长季节的降雨次数和平均单次降雨量对植物多样性的影响远大于年降雨量。另外,也有少数研究结果显示,降水利用效率是物种多样性的关键驱动因子。

表 8.2　降水格局变化对植物多样性的影响（何远政 等,2021）

研究区域		植物多样性变化
全球尺度		物种丰富度与年降水量呈显著正相关
		年降水的增加对钙质草地和一年生草地植物多样性没有显著影响
		年降雨量升高,北美和南美大平原禾草物种叶片长、株高、单位茎干叶面积、比叶面积、N 吸收率增加,叶片干重、老叶片中的 N 含量降低
		美国新墨西哥州模拟降水年际变异增加,植物功能多样性增加
		巴拿马中部热带雨林群落林冠层的叶功能形状与降水量呈现负相关
		澳大利亚东南部多年生植物叶片宽度、比叶面积和冠层高度与降水量呈正相关
		在全球亚湿润干燥区,降水格局变化影响物种丰富度和生态系统多功能性相互关系
		欧亚草原植物地上生物量受年降雨量影响显著
		降水变异性的增加显著降低了南美草原生态系统的初级生产力
区域尺度	草原	降水格局变化是影响锡林郭勒典型草原植物功能多样性的主要环境因子;物种丰富度与年降水量呈显著正相关
		年降水梯度增加,内蒙古草原植物多样性沿荒漠-荒漠草原-典型草原-草甸草原的梯度增加
		增水处理没有显著影响内蒙古草原贝加尔针茅(*stipa baicalensis*)草原物种多样性
		新疆温性草原植被物种丰富度与年降水量呈正相关
		野牛草、小叶锦鸡儿和黄柳(*Salix gordejevii*)的遗传多样性与年降水量呈显著正相关
		降雨量增加阻碍差不嘎蒿和裸果木种群间的基因交流,导致遗传多样性降低
		内蒙古草原贝加尔针茅、大针茅、克氏针茅(*Stipa krylovii*)、新疆针茅(*S. sareptana*)及针茅(*S. capillata*)遗传多样性与经度和年降水量相关性不显著
		物种承受较大干旱胁迫,荒漠草原植物比叶面积降低
	森林	物种多样性随年降水量的增加而增加,降水空间变化显著影响植物物种分布
		年降水量和云杉的基因流呈显著正相关

　　降水格局变化对植物遗传多样性产生显著影响,其中年降水量和降水分配格局起主导作用,但研究结果不一致。一些研究显示,降水变化对遗传多样性起促进作

用。例如,我国学者研究发现,大尺度上小叶锦鸡儿和黄柳的遗传多样性与年降水量呈显著正相关。也有研究结果与之相反,例如,有人研究发现,在我国科尔沁沙地,增加降雨量会阻碍差不嘎蒿种群间的基因流,导致该物种遗传多样性降低。还有部分研究发现二者相互关系没有规律可循。例如,国内学者对内蒙古草原贝加尔针茅、大针茅、克氏针茅、新疆针茅及针茅遗传多样性进行研究发现,5 种针茅遗传多样性指标与所在地经度和年降水量相关性不显著。但在大尺度上遗传差异却受制于经度和年降水量。

降水在很大程度上改变了群落物种功能性状的分布格局。国外学者研究表明,降水是控制北美和南美大平原禾草物种功能性状的主导控制因子,随着降雨量的升高,叶片长、株高、单位茎干叶面积、比叶面积、氮吸收率在增加,而叶片干重、老叶片中的氮含量在降低。在美国新墨西哥州进行的长期降水控制试验结果显示,在多年平均年降水量不变的情况下,降水年际变异增加,会导致植物功能多样性增加。基于澳大利亚东南部 46 个研究站点观测数据发现,多年生植物叶片宽度、比叶面积和冠层高度与降水量呈正相关,而在巴拿马中部热带雨林系统,群落林冠层的叶片功能性状则与降水量呈负相关。我国学者研究表明,在草甸草原系统,半湿润气候下物种的比叶面积增大,提高了养分吸收能力和光合能力;而在荒漠草原系统,由于降水较少,植物物种由于承受了较大的干旱胁迫,会通过降低比叶面积来减少水分散失。

降水格局改变同时也会直接影响地下生物多样性。有研究显示,单次降水量的多少能够通过影响土壤微生物活性来调控碳平衡,降水所持续的时间和强度还会对真菌和细菌产生影响,在含水量较高的森林土壤中,细菌多样性与纬度的增加呈明显的线性关系,而真菌多样性与纬度的增加呈现负相关关系,其主要原因在于降水导致的土壤水分变化可影响细菌和真菌代谢活动,进而改变土壤微生物群落组成。一项为期 5 年的水分控制试验结果表明,草地生态系统水分变化对土壤古菌和细菌群落的影响并不显著,但降水量的正负变化均会对土壤真菌多样性造成影响。国外一项为期 17 年的降水变化试验发现,植物和微生物对土壤水分的利用率主要取决于降水量大小和降水的季节分布特征。由于水分输入时间会影响休眠季节真菌群落多样性和群落组成,未来降水时间的变化将主要通过季节分布格局的变化影响土壤微生物群落结构和功能。

第四节　生态系统对降水变化的适应与反馈

一、植物对干旱胁迫的适应

降水减少引起的干旱胁迫会导致植物形态发生改变,使植物能够在干旱环境中生长和存活,说明植物对干旱胁迫表现出适应能力和抵御能力。因此,干旱胁迫激活了植物一系列复杂的调节机制,例如气孔调节、渗透系统调节和抗氧化系统调节等,进而产生对干旱的适应。

根系是植物感知水分信号并直接吸收利用水分的重要地下组织,它为植物地上部分的生长提供水分和营养物质。干旱胁迫下,植物根系快速感知干旱胁迫信号,并调节自身结构响应干旱环境。干旱胁迫调节根系发育促进水分吸收,主要表现为通过增加根毛密度来增大根系表面积,从而扩大与水分的接触面积,吸收更多的水分。随着干旱胁迫的加剧,植物会减缓侧根的生长速度,加快深层土壤区域根系生长,便于吸收深层土壤水分。根系角度影响植物根系的深度,研究发现根系角度较大的植物通常具有更大的深层根系,更能充分吸收深层土壤水分,进而提高植物抗旱能力。根系解剖学的证据表明,结构皮层和维管柱的变化有助于植物适应干旱胁迫,降低新陈代谢成本,并允许植物分配资源用于进一步的生长和生理活动,从而提高植物对干旱胁迫的适应性。干旱胁迫下根系皮层组织形成发达通气组织,维持根系生长并改善植物在干旱胁迫下的生长。有研究发现,植物根组织的木质部数量与大豆耐旱性相关,木质部作为水分运输器官,数量上的增加更有助于根部水分运输。综上所述,干旱胁迫调控根组织结构的变化,影响根系的生长和发育,促进深层土壤水分的吸收利用,改善植物的生长,提高植物抗旱能力。

干旱胁迫下,植物叶片形态改变对降低水分流失和增加水分利用率至关重要,也是研究植物抗旱机制的重要表型指标。干旱胁迫下叶片变黄、枯萎、下垂或卷曲是植物最直观的反应。叶片的大小、厚度、蜡质、气孔密度等与植物对干旱的耐受性有关。例如,小麦叶片气孔密度降低、叶片厚度增加及表皮蜡质堆积以适应干旱胁迫。还有研究表明,植物叶片利用超微结构变化抵御干旱条件,如利用较厚的栅栏组织提高光合效率、发达的维管束鞘保证水分的运输;叶肉细胞中细胞壁增厚、叶绿体超微结构改变,比如在干旱胁迫下栀子叶绿体与细胞壁分离,叶绿体基质片层排列紊乱,基粒变形、弯曲,导致光合能力减弱。

在干旱期间,植物系统通过(i)增加根系从土壤中吸收的水分,(ii)通过关闭气孔减少水分损失,以及(iii)调节组织内的渗透过程,积极地维持渗透平衡。植物被激活的应激反应途径包括植物激素信号以及抗氧化剂和代谢物的产生。根系在细胞尺度和整个根系结构上对土壤水分的变化做出反应。根干细胞生态位、分生组织和脉管系统各自协调对干旱的反应(图 8.15(a)和(b))。在缺水时期,植物根系会调整其形态结构,包括增加根尖部位细胞分裂,促进根尖伸长和分化,以增强其吸收水分和养分的能力。在追求水分的过程中,根系以不同的方式生长,并进一步调整其结构(图 8.15(c))。更长、更深且减少分枝角度的根,可以有效地帮助根系从更深层土壤中获取水分。在水分分布不均匀的土壤环境中,根系一方面表现出面向含水量较高的土壤发展侧根,这一过程也是由生长素信号传导的;另一种适应性响应机制是根系的向水性(图 8.15(d)),其中根尖向含水量较高的区域生长,以优化根系结构以获取水分。而地上叶片气孔关闭则是植物的一种更快速的对脱水的防御(图 8.15(e)和(f)),其中叶片表面气孔的打开或关闭主要取决于周围保护细胞的膨胀程度。

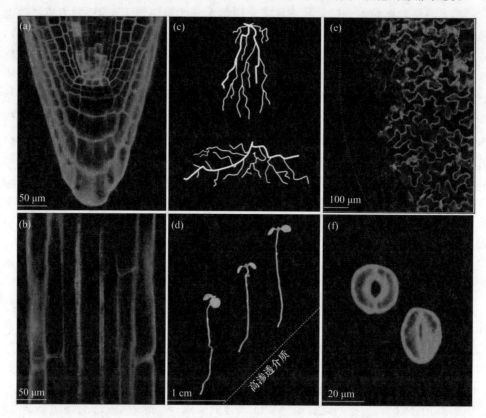

图 8.15 植物根系和茎部的抗旱性特征(Gupta et al.,2020)

植物最初通过根部感知干旱(a 和 b),其中特定的细胞类型(包括干细胞、皮层细胞和维管细胞,蓝色所示)介导对水分限制的适应性反应。植物根系可以调节它们的形态结构,以最大限度地获取表层水分或深入深层更湿润土壤(c),以及向更潮湿的土壤区弯曲(d)。植物在地上的植物器官(叶片和茎)通过调节气孔开闭来积极地抵抗干旱(e 和 f)

二、植被对降水变化的反馈

植被是陆地生态系统的重要组成部分,与大气之间存在着复杂的相互反馈关系。一方面,降水显著影响地表植被的生长状况和地理分布;另一方面,植被通过生物地球物理和生物地球化学过程影响地气之间的水热交换和能量输送,从而影响到局地、区域乃至全球的气候。自 20 世纪 70 年代中期 Charney(1975)首次提出植被和降水之间的正反馈过程以来,越来越多的学者关注到植被与大气之间存在的复杂相互反馈关系。

　　植被覆盖变化的生物地球物理过程主要通过植被的反照率、波文比和粗糙度效应影响地气之间的能量、物质和动量交换,而植被生长变化通过控制植被蒸腾作用,改变净辐射通量在地表潜热和显热通量之间的分配关系,进而对区域降水过程产生反馈作用。虽然植被覆盖变化对局地水循环会产生影响,但是由于降水本身过程较为复杂,植被变化对降水的局地和非局地影响同时会受到区域位置、退化程度、选用模式、模式物理过程等多种因素影响而存在巨大差异。例如,国内有研究表明,中国的植被覆盖在年际尺度上对后期降水有一定的影响,中国北方过渡带及附近地区可能是植被覆盖变化对中国夏季降水影响最敏感的地区,同时归一化植被指数对降水的显著响应往往出现在干旱半干旱地区和干湿季气候差异明显的地区。

　　青藏高原作为全球高寒草地的主要分布区域,对气候变化敏感;同时,气候变化导致的青藏高原植被覆盖度和生产力的变化也将通过改变地表能量和水分平衡过程对降水产生反馈作用。有学者利用遥感信息和再分析产品,研究发现青藏高原植被生长尤其是南部植被增强促进了植被蒸腾作用,削弱了地表感热加热作用,减弱了高原近地面气流的上升运动,导致了南亚高压减弱并向西移动,进一步引起西太平洋副热带高压减弱东移,东亚夏季风环流减弱,从而导致华南地区降水增多,长江和黄河之间区域降水减少(图 8.16)。虽然植被通过蒸散过程对近地表气温和局地水循环过程产生重要反馈作用,但由于区域气候模型存在较大模拟偏差,有关青藏高原生态系统蒸散如何影响局地水汽循环,进而通过遥相关(Tele-connection)影响整个中国乃至亚洲气候系统的水汽运输和分配,仍缺乏有效验证和定量研究。

三、干旱与其他生物和非生物因子对生态系统的综合效应

　　在自然生态系统中,干旱事件并不是独立存在的,往往伴随着其他气候因子(如增温、氮沉降)和人类活动(如放牧、森林砍伐)的同时发生(图 8.17)。已有研究表明,干旱与其他生物和非生物因素的综合效应,对陆地生态系统的生物地球化学循环、植物生理生态、生物多样性和生态系统功能等方面都会产生重要影响。例如有研究表明,干旱能够显著降低土壤呼吸和生态系统呼吸,但是这种负效应在一定程度上能够被增温所缓解。这可能是因为增温能够促进土壤氮的矿化作用,增加土壤氮的可利用性,进而缓解干旱导致的土壤氮含量降低。与此同时,干旱与氮沉降、增温、CO_2浓度升高在调控草原生态系统呼吸过程中存在明显的交互作用,这种作用主要以加和效应为主,而非协同和拮抗作用。当前在评估干旱和多因子的综合效应的时候,多数研究关注于不同因子之间对生态系统的短期效应,实验周期往往小于 5 年,但是,由于生态系统对不同气候变化因子(如增温)的响应会随着时间的改变产生适应过程,干旱因子的加入是否会改变这种进程尚不清楚。

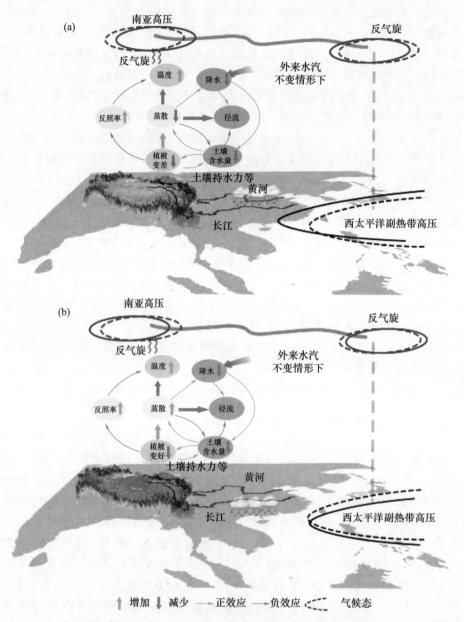

图 8.16　青藏高原植被变化对气候反馈机制的概念框架(朴世龙 等,2019)

[青藏高原上浅绿色和深蓝色青藏高原上浅绿色和深绿色地表分别代表植被变差(a)和变好(b)情景。变量
旁边箭头表示变化方向(绿色、红色分别表示增加和减少);变量间箭头表示反馈方向(绿色、红色分别表征
正和负反馈),箭头粗细表征反馈作用强弱。椭圆形指示南亚高压(SAHP)、西太平洋副热带高压(WPSH),
或反气旋的空间位置,其中虚线为气候态的空间位置,实线则表示植被变化导致的 SAHP,
WPSH 或反气旋的空间位置。青藏高原地表两条蓝色曲线分别表示黄河和长江]

　　与此同时,当前多数干旱和气候因子的交互实验关注于2～3个因子对生态系统的作用,但是近期的研究表明,随着干扰因子的增加,生态系统的响应过程,如土壤特性、微生物多样性、土壤呼吸等均会发生方向性变化,但干旱对生态系统的效应是否会随着因子数的叠加而发生急剧改变仍不清楚。地球系统模型如何整合这些作用过程和调控机制,用以进一步改进生态系统响应极端干旱的预测,也是未来研究的一个重要方向。因此,全方位的捕捉干旱与其他生物和非生物因子对生态系统过程的综合效应,是加强和完善未来干旱生态风险认知、管理和规划的重要前提。

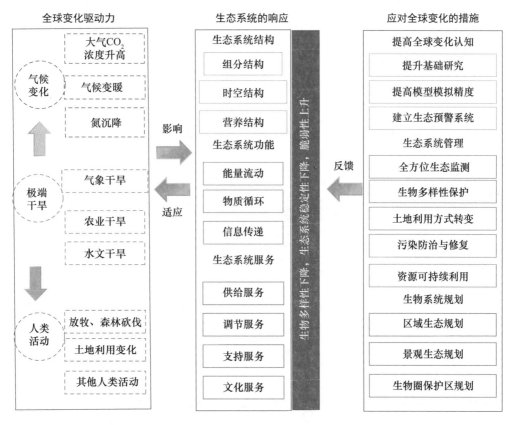

图 8.17　干旱与其他生物和非生物因素对生态系统
的综合效应及风险应对(周贵尧 等,2020)

复习思考题

1. 植物碳水过程对干旱的响应机制有哪些?

2. 降水变化导致的土壤干湿交替如何影响土壤呼吸过程?

3. 土壤微生物对干旱的响应机制有哪些?

4. 降水变化对生物多样性有哪些影响?

5. 降水变化对生态系统生产力的影响有哪些? 试提出几条缓解消极影响的措施或建议。

参考文献

陈琳, 曾冀, 李华, 等, 2020. 全球降水格局变化下土壤氮循环研究进展[J]. 生态学报, 40(20): 7543-7551.

何远政, 黄文达, 赵昕, 等, 2021. 气候变化对植物多样性的影响研究综述[J]. 中国沙漠, 41(1): 59-66.

洪江涛, 吴建波, 王小丹, 2013. 全球气候变化对陆地植物碳氮磷生态化学计量学特征的影响[J]. 应用生态学报, 24(9): 2658-2665.

李新鸽, 韩广轩, 朱连奇, 等, 2019. 降雨引起的干湿交替对土壤呼吸的影响: 进展与展望[J]. 生态学杂志, 38(2): 567-575.

裴婷婷, 李小雁, 吴华武, 等, 2019. 黄土高原植被水分利用效率对气候和植被指数的敏感性研究[J]. 农业工程学报, 35(5): 119-125.

朴世龙, 张宪洲, 汪涛, 等, 2019. 青藏高原生态系统对气候变化的响应及其反馈[J]. 科学通报, 64(27): 2842-2855.

田汉勤, 徐小锋, 宋霞, 2007. 干旱对陆地生态系统生产力的影响[J]. 植物生态学报, 31(2): 231-241.

王常顺, 王奇, 斯确多吉, 等, 2021. 高寒植物叶片性状对模拟降水变化的响应[J]. 生态学报, 41(24): 9760-9772.

徐晨, 阮宏华, 吴小巧, 等, 2022. 干旱影响森林土壤有机碳周转及积累的研究进展[J]. 南京林业大学学报(自然科学版), 46(6): 195-206.

周贵尧, 周灵燕, 邵钧炯, 等, 2020. 极端干旱对陆地生态系统的影响: 进展与展望[J]. 植物生态学报, 44(5): 515-525.

朱义族, 李雅颖, 韩继刚, 等, 2019. 水分条件变化对土壤微生物的影响及其响应机制研究进展[J]. 应用生态学报, 30(12): 4323-4332.

CHARNEY J,1975. Dynamics of deserts and drought in the Sahel[J]. Quarterly Journal of the Royal Meteorological Society，101(428)：93-202.

EVANS S E，BURKE I C，2013. Carbon and nitrogen decoupling under an 11-year drought in the shortgrass steppe[J]. Ecosystems，16(1)：20-33.

FARQUHAR G D，SHARKEY T D,1982. Stomatal conductance and photosynthesis[J]. Annual Review of Plant Physiology,33：317-345.

GUPTA A，RICO-MEDINA A，CANO-DELGADO A I，2020. The physiology of plant responses to drought[J]. Science,368(6488)：266-269.

LAWRENCE D，VANDECAR K,2014. Effects of tropical deforestation on climate and agriculture [J]. Nature Climate Change，5(1)：27-36.

LIMOUSIN J M，RAMBAL S，OURCIVAL J M，et al,2009. Long-term transpiration change with rainfall decline in a Mediterranean *Quercus ilex* forest[J]. Global Change Biology,15：2163-2175.

LIU J，MA X，DUAN Z,et al,2020. Impact of temporal precipitation variability on ecosystem productivity[J]. Wiley Interdisciplinary Reviews：Water，7(6)：e1481.

REDDY A R，CHAITANYA KV，VIVEKANANDAN M,2004. Drought-induced responses of photosynthesis and antioxidant metabolism in higher plants[J]. Journal of Plant Physiology，161：1189-1202

SELSTED M B，LINDEN L V D，IBROM A,et al，2012. Soil respiration is stimulated by elevated CO_2 and reduced by summer drought：three years of measurements in a multifactor ecosystem manipulation experiment in a temperate heathland (CLIMAITE)[J]. Global Change Biology,18(4)：1216-1230.

WANG Y，HAO Y，CUI X Y,et al，2014. Responses of soil respiration and its components to drought stress[J]. Journal of Soils and Sediments,14(1)：99-109.

第九章 全球变化生态模型模拟

地球是一个复杂的系统,由于地球系统内部要素相互作用模式以及其关系的非线性,这就要求更为科学合理的方法认识这些要素之间的关系。模型模拟是全球变化生态学研究的一个重要方法。但是,准确模拟地球系统的变化极具挑战性。基于对地球系统不同过程的认识所建立的模型,以及不同模型耦合在一起形成的地球系统模式,对实验观测及其复杂过程的模拟和未来可能发生变化的预测预估发挥着重要作用。

第一节 陆地生态系统模型及其应用

一、陆地生态系统模型概述

在人类对生态系统过程的不断探索中,生态系统模型已被证明是一种非常便捷的工具,其发展备受人们关注。半个多世纪以来,数学模型在生态学研究中得到了广泛应用。传统的描述性模型和统计模型倾向于对真实生态系统进行随机性的描述和统计分析,而基于生理生态的过程模型则克服了描述性模型及统计模型的不足,能在时间尺度和空间尺度上进行生态系统的动态变化研究,具有更广泛的适用性。

对陆地生态系统过程的模拟,其中最关键的过程之一就是植被的状态。由于植被分布对气候变化至关重要,在很大程度上控制着大气和陆地表面碳、水、能量、动力和痕量气体的交换,故植被的类型也决定着模型模拟的结果。全球地带性的植被分布都与气候有着密切的关系,气候决定着大尺度上植被的分布格局。植被的差异性意味着陆面植被生理生态特性不同,对大气的反馈作用亦不同,影响着土壤-植被-大气循环体的辐射、水分、动量和碳平衡。植被动态包括植物生长、死亡、更新代谢及其对辐射、水分和养分的竞争,并且受到气候条件的巨大影响。植被模型模拟植被与外界的物质、能量和动量交换过程,以及模拟气候因子对植被分布的影响,其对植被碳、氮、水等生物地球化学循环过程的描述一般都比较细致复杂。

植被模型经历了从静态植被模型发展到动态全球植被模型(Dynamic Global

Vegetation Model,DGVM)的发展过程。在静态植被模型中,生物地球物理、生物地球化学和生物地理过程之间是相互独立,而在动态模型阶段这些过程是耦合在一起进行模拟(图9.1)。在气候变化背景下,静态植被模型只反映一个地区的顶极植被类型,难以模拟中长期生态系统结构及组分的动态变化,且很难精确模拟不同植被类型碳循环过程,无法模拟植被对气候变化的瞬时响应等。因此,20世纪90年代以来,DGVM逐渐成为评价气候变化对植被影响的主要工具。DGVM包括对植被生理、植被动态、植被物候和营养物质循环等过程的模拟。DGVM都以气候数据作为输入参数,从而模拟计算植被的总初级生产力(Gross primary productivity,GPP)、净初级生产力(Net primary productivity,NPP)和植被结构参数等。随着人们对植被与气候认识的不断深入,DGVM也在不断完善,模块划分更加详细,土壤及水文模块考虑了更细分的土层,植被功能类型在不断增加,并在模型中逐步加入了自然干扰(火烧等)和人为影响等过程。

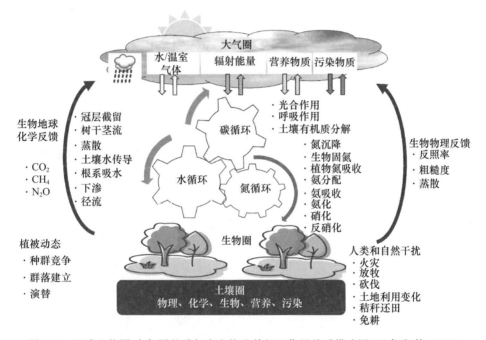

图 9.1　地球生物圈-大气圈的碳氮水交换及其相互作用关系模式图(于贵瑞 等,2021)

对于以模拟预测未来生态系统动态变化为目的的研究,采用动态植被模型是必然的选择。动态植被模型主要模拟碳在植被-土壤中的传输过程,包括自养呼吸、异养呼吸、光合同化产物在植物各器官间的运输分配、植物死亡、凋落、凋落物分解、土壤呼吸和氮矿化等,并模拟土壤有效氮、土壤水分和大气 CO_2 浓度等对这些过程的影响。在全球变化大背景下,由于人类活动,气候变化将会导致陆地生态系统结构和功能的变化,进而影响碳收支,同时从分钟到年的时间尺度上对大气循环和气候变化施加强烈的反馈作用。因此,准确地模拟未来气候条件下陆地生态系统碳循环,既要考虑植被的变化,又要考虑植被变化对气候和大气中 CO_2 浓度的反馈。

总体上来讲,陆地生态系统模型的发展经历了三个主要时期:早期的简单模式,即"水桶"模型,将土壤看作一个不超过一定最大持水量的水桶;后来模型发展过程中考虑了植被生理、物理过程等参数化方案,如生物圈-大气圈传输方案模式(Biosphere-Atmosphere Transfer Scheme, BATS)和简单生物圈模式(SiB)等;而第三代陆面模式通过引入植被光合作用和呼吸作用等生物地球化学过程而进一步提升,代表模型有:北部生态系统生产力模拟器(Boreal Ecosystem Productivity Simulator,BEPS)、生物群落生物地球化学循环模型(Biome BioGeoChemical Cycles model,BIOME-BGC)、CENTURY 模型、公用陆面模式(Community Land Model,CLM)、集成生物圈模型(Integrated Biosphere Simulator,IBIS)和全球动态植被模型(Lund-Potsdam-Jena managed Land,LPJmL)等。例如,对于光合作用的模拟,一般采用 Farquhar 模型,该模型考虑植被冠层不同层叶片在太阳辐射和温度等方面的差异,将冠层分为阳叶和阴叶分别进行计算。基于过程的陆地生态系统模型已成为模拟长时间、大尺度上植被分布、NPP、碳平衡以及预测未来气候变化的有效工具。

迄今为止,国际上已经发展出数十种不同的陆地生态系统模型(表 9.1)。由于不同模型之间的结构、功能和侧重点不同,其模拟结果也存在较大差异。为降低全球模拟的不确定性,国际耦合模式比较计划(Coupled Model Intercomparison Project,CMIP)应运而生,专注于陆地生态系统过程的评估。因此,陆地生态系统模型还在不断地发展完善中,并且与大气环流模式、海洋模式、海冰模式等耦合进入地球系统模式中,增强未来对植被与气候模拟预测的能力。

表 9.1　陆地生态系统模型

序号	模型名称	开发者或单位	时间	国家
1	APSIM 模型(Agricultural Production Systems sIMulator)	澳大利亚农业生产系统研究	2014	澳大利亚
2	BEPS 模型(Boreal Ecosystem Productivity Simulator)	加拿大遥感中心	1997	加拿大
3	BIOME4 模型(BIOgeochemistry-biogeography Model)	Jed O. Kaplan	2001	德国
4	Biome-BGC 模型(Biome BioGeoChemical Cycles model)	Running, S. W. 和 Hunt, E. R.	1993	美国
5	CASA 模型(Carnegie-Ames-Stanford Approach)	Potter, C. S. 等	1996	美国

续表

序号	模型名称	开发者或单位	时间	国家
6	CENTURY 模型	W. J. Parton	1983	美国
7	CEVSA 模型(Carbon Exchange between Vegetation,Soil and Atmosphere)	Mingkui Cao 和 F. IaN. Woodward	1998	英国
8	CLM5.0 模型 (The Community Land Model Version 5)	美国国家大气研究中心	2019	美国
9	DLEM 模型(Dynamic Land Ecosystem Model)	田汉勤	2010	美国
10	DNDC 模型 (DeNitrification-DeComposition model)	李长生	1992	美国
11	EALCO 模型 (Ecological Assimilation of Climate and Land Observations)	加拿大遥感中心	2004	加拿大
12	IAP94 模型(Institute of Atnjospheric Physics)	戴永久	1997	中国
13	IBIS 模型(Integrated Biosphere Simulator)	J. A. Foley 等	1996	美国
14	LPJmL 模型 (Lund-Potsdam-Jena managed Land)	波茨坦气候影响研究所	2018	德国
15	ORCHIDEE 模型(Organising Carbon and Hydrology in Dynamic Ecosystems)	Grenoble 大学	2000	法国
16	PnET-CN 模型	John D. Aber	1997	美国
17	RothC 模型(Rothamsted Carbon model)	D. S. Jenkinson	1990	英国
18	SiB2/SiB3 模型(Simple Biosphere Mode)	P. J. Sellers	1996	美国
19	TRIPLEX 模型	彭长辉	2002	加拿大
20	VIP 模型(Vegetation Interface Processes)	中国科学院地理科学与资源研究所	1998	中国

二、常见的陆地生态系统模型

1. BEPS 模型(Boreal Ecosystem Productivity Simulator)

BEPS 模型的基本时间步长以天为单位,该模型是在 FOREST-BGC 模型(Forest Biogeochemical Cycles)的基础上发展起来的,采用两叶模型来计算植物的光合作用,陆地生态系统碳通量模拟效果相对较好。模型输入需要有遥感数据提取的叶面积指数(LAI)和土地覆盖类型数据,日尺度的气象数据,输出数据包括站点尺度和区域尺度的年际 NPP、日 NPP、GPP、净生态系统生产力(Net Ecosystem Productivity,NEP)和蒸散等。该模型涉及生物化学、物理和生理等机制,结合生态学、生理学、水文学等多学科的方法,模拟植物的光合作用、呼吸作用、碳分配、水分平衡及能量平衡关系。模型由碳循环、水循环、生理调节和能量传输等子模块组成(图9.2)。模型开始主要应用于加拿大北方森林生态系统生产力的模拟,后来逐渐推广,在全球多个地区用于陆地生态系统生产力的模拟。

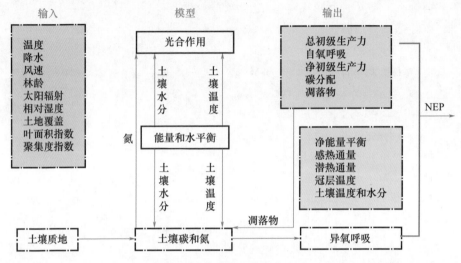

图 9.2　BEPS 模型结构介绍图

2. BIOME-BGC 模型(Biome BioGeoChemical Cycles model)

Biome-BGC 模型由 FOREST-BGC 发展而来,由美国蒙大拿大学开发,考虑了碳、水和能量循环在生态系统传输中通量的计算方法,以模拟生态系统光合作用、呼吸作用、有机质分配、凋落物分解、水分、氮素等营养物质循环为主。模型基本步长为天,主要驱动因子包括研究区域的经纬度、海拔、土壤深度、土壤颗粒成分、大气 CO_2 浓度年际变化、植被类型等;以日为步长的气象数据有日最高温度、日最低温度、白天平均温度、降水量、饱和水气压差、太阳辐射强度等;生理生态指标共包括 44 个参数,包括叶片及细根的 C/N 比、叶片气孔导度、冠层比叶面积、叶片中氮的百分比等。BIOME-BGC 模型将植被分为 7 类,即落叶阔叶林、常绿阔叶林、常绿针叶林、灌木林、落叶针叶林、C_3 草本植物和 C_4 草本植物。每种植被类型具有一整套生理生态参数,数据的来源主要是通过搜集大量研究报告并进行统计得到。由于 Biome-BGC 对生态系统的基本过程进行了比较全面的考虑,后来的许多模型均采用了类似的建模方法。

3. CENTURY 模型

CENTURY 模型由美国科罗拉多州立大学学者 Parton 等于 1987 年建立,是研究陆地生态系统碳、氮、磷、硫等养分动态循环过程的模型。该模型包括植被、养分循环、水循环和土壤有机质分解等模块(图9.3)。CENTURY 模型考虑了气候、人为活动（如放牧、砍伐、火烧等）、土壤质地、植被生产力、凋落物和土壤有机质分解等，并以此为基础而建立，是当前国际上具有代表性的生物地球化学循环模型之一。模型已被用于研究沙漠绿洲、荒漠草原、农田、草地以及人类活动（施肥、砍伐、火烧等）对森林生产力的影响。模型参数主要有气候参数、地理坐标、控制参数、营养物质输入参数、有机质初始化参数、矿物质初始化参数以及水分初始化参数等。模型的气候驱动变量包括月降水量、月平均最高温度、月平均最低温度等。土壤参数包括土壤质地、厚度、土壤容重、田间持水量、植物凋萎系数、pH 值以及土壤碳、氮、磷和硫初始含量。植物参数包括植物氮、磷、硫元素含量及木质素含量。模型还考虑了人类活动影响下施肥、灌溉和耕作方式等，以及自然因素对草地生态系统碳循环的影响。

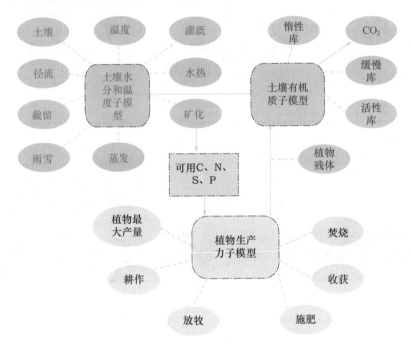

图 9.3　CENTURY 模型的土壤水分和温度子模型、植物生产力子模型及 SOM
子模型耦合示意图（王旭洋 等，2019）

4. CLM 模型（Community Land Model）

CLM 是当前世界上发展比较完善，而且最具发展潜力的陆面过程模式之一。它综合了生物圈-大气圈传输方案模式（Biosphere-Atmosphere Transfer Scheme，BATS）和陆面过程模式和 NCAR 的陆面过程模式（Land Surface Model，LSM）等陆面过程模式的优点，并且优化改进了一些物理过程的参数化方案。此外，它还是公用地球系统模式（Community Earth System Model，CESM）的陆面子模块。美国国家大气科学研究中心（NCAR）发布了最新一代的陆面过程模式 CLM5.0（Community Land Model version 5.0），包含生物地球物理过程、水文过程和基于生态机理的生物地球化学过程，可对太阳辐射、地气热量交换、降水、植被蒸散、地下径流、城市化相关影响、融雪、植被、凋落物和土壤有机质中的碳、氮等化学循环进行模拟，是地球系统模式 CESM2.0（Community Earth System Model，version 2.0）中的陆面过程模式分量（图 9.4）。

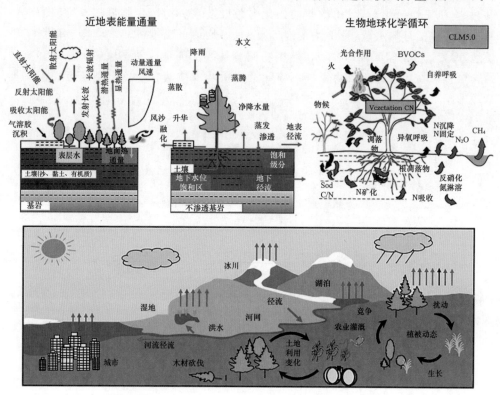

图 9.4　CLM 5.0 中主要过程和功能示意图
（SCF：积雪分数；BVOC：生物挥发性有机化合物。对于生物地球化学循环，
黑色箭头表示碳通量，紫色箭头表示氮通量）

5. IBIS 模型（Integrated Biosphere Simulator）

IBIS 是由美国威斯康星大学麦迪逊分校环境研究所于 1996 年开发的一个全球动态植被模型，该模型致力于加深对全球生物圈过程机理的理解以及研究人类活动对生态系统的潜在影响。IBIS 模型是基于生理生态模拟植被-土壤-大气循环系统的物质循环、能量交换及其对全球变化响应和反馈的机理模型（图 9.5），深刻体现了陆地生态系统碳循环的复杂过程。该模型主要目标是通过将陆地生态系统水分、能量、碳氮平衡以及植被动态整合起来，以期更深刻全面地描述陆地生态系统过程。IBIS 已成为模拟全球大尺度地表物理过程（土壤、植被及大气之间水分、能量的交

换)、物候、植被动态分布(不同植被类型间转换与竞争)、NPP、水循环、碳氮平衡以及预测未来全球气候变化对陆地生态系统影响的有效工具。

　　IBIS 模型进行从小时到年时间尺度的模拟,有效地将冠层生理(光合作用、呼吸作用、蒸腾作用等)、每年生物量分配及转换,植被动态变化等不同时空尺度的过程耦合在一起。模型采用分级子模块的方式进行构架,依照时间步长的不同(从小时到年)分为陆面模块、植被物候模块、碳平衡模块和植被动态模块等几个子模块。IBIS模型植被功能类型有 12 种,对自然干扰也进行了模拟,不过其过程相对简单,仅用一个固定的干扰系数来模拟干扰导致的植被死亡量。

　　为了提高对土壤生态系统及温室气体的模拟,国内外学者通过耦合 TRIPLEX 和 IBIS 模型,添加 CH_4 模块,耦合微生物模块,完善碳、氮、磷循环过程等,进一步发展了 TRIPLEX-GHG,TRIPLEX-MICROBE 等模型,可以准确地对土壤及湿地 CO_2,CH_4 及 NO_2 等温室气体及土壤微生物进行模拟预测。

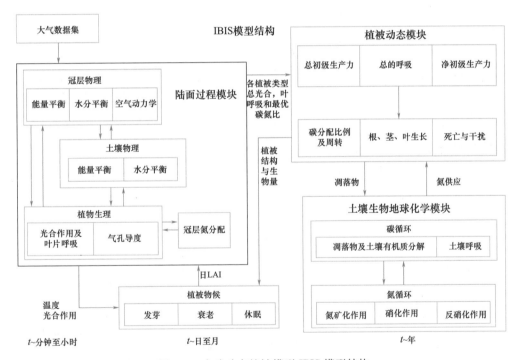

图 9.5　全球动态植被模型 IBIS 模型结构

6. LPJmL 模型(Lund-Potsdam-Jena managed Land)

　　LPJmL 模型是从 LPJ 模型(Lund-Potsdam-Jena)发展而来的,LPJ 模型是一种动态全球植被模型(DGVM),旨在模拟全球陆地碳循环以及碳和植被模式在气候变化下的响应。LPJ 模型最初是由 I. Colin Prentice(马克斯·普朗克生物地球化学研究所)、Wolfgang Cramer（波茨坦气候影响研究所）和 Martin Sykes（隆德大学）领导的联盟开发的。LPJ 模型第二版本 LPJ-GUESS 是基于物种种类，尤其重点考虑了农业方面指标参数。根据生理、形态、物候以及少量气候限制因子等，模型定义出9 种植物功能类型。在植被功能类型动态竞争的区域，模型定义了一个"混合栅格"进行参数化。LPJmL 模型耦合了陆地植被动态、冠层导度及光合作用、水分平衡、碳循环、植被资源竞争和生产、植物组织转化、生长和死亡、碳周转以及人为干扰等相关生态系统过程(图 9.6)。LPJmL 模型用平均植被功能型个体(Average PFT individual)作为基础植被单元，每个栅格允许存在一种以上的植被功能类型，在木本植物个体内定义碳分配，并且以较简单的原则支配草本植物碳分配。每个植被功能类型每天光合作用的计算基于其覆盖率、物候和根区的水分可利用性来计算，模型分别定义每种植被功能类型根部的分布范围。通过 NPP 分配及时间尺度转换，植被功能结构每年更新一次，植物生长和死亡(包括与干扰和光竞争相关的机制)也是每年更新一次。

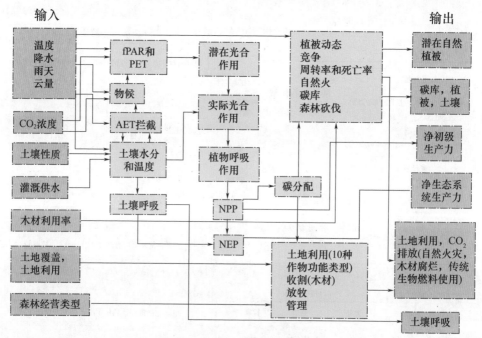

图 9.6　LPJmL 模型结构流程图

7. SiB 模型(Simple Biosphere Mode)

SiB 是 Sellers 等 1986 年开发的，后来 Sellers 等在原 SiB 框架基础上发展成了SiB2，并与全球气候模式耦合在一起。SiB2 模式综合运用质量、能量和动量守恒，模拟土壤、大气、生物圈以及陆面和大气的相互作用等。紧接着 Baker 等 2003 年在SiB2 的基础上引进了 Bonan 提出的 6 层土壤温度模式和经过优化的地表能量收支过程,发展了 SiB2.5 模式。随后 Baker 等在 SiB2 和 SiB2.5 的基础上进一步发展出 SiB3,通过采用通用陆面模式 CLM 模式的 10 层土壤结构替换了 SiB2 的 3 层土壤结构,并且使植物根部贯穿整个 10 层土壤层,增加了 C_3、C_4 植物区分,并且增加了积雪层和植被类型,扩展到 13 层等。

8. DLEM 模型(Dynamic Land Ecosystem Model)

DLEM 是美国奥本大学(现波士顿学院)田汉勤等于 2005 年开发的一个多因子驱动、多元素耦合、在多重时空尺度上高度整合的开放式生态系统过程模型。针对当前生态系统模型发展的缺陷与不足,DLEM 模型综合考虑植被动态与生物地球化学过程,可以同时估算多种温室气体的日通量,并可根据用户需要从机理上模拟时间跨度从天到年,空间范围从几米到几千米、从区域到全球的环境变化事件,以及由此引发的生态系统响应及反馈过程(图 9.7)。近年来,DLEM 已经在美国、中国、东亚、北美、亚马孙流域乃至全球尺度的多种生态系统中得到了广泛应用。该模型也参与了国际多模型比较计划,例如 MsTMIP(Multi-scale Synthesis and Terrestrial Model Intercomparison Project)、TRENDY、NMIP(The global N_2O Model Intercomparison Project)等,该模型能够在共同碳、氮底物库的基础上通过一系列复杂的反应过程同时模拟这些重要温室气体时空变化,并且考虑陆地生态系统与水生生态系统的相互作用,得到了广泛的认可。

三、模型应用

1. 模型的输入数据

气象观测数据是开展陆地生态系统长期变化研究的基础资料,是开展长期动态和空间格局变化研究的必要条件。栅格数据是地理信息系统里以二维矩阵(行和列或格网)的形式来表示空间地物或现象分布的数据组织方式,每个矩阵单位称为一个栅格单元(cell),每个像元都包含一个信息值(例如温度)。栅格非常适合用来表达那些沿地表连续变化的数据。譬如说高程数据是表面地图常见的使用方式,因此,我们也可以将降雨量、温度、密度和人口密度等连续变化的数据,用栅格来表达。

模型的气候驱动数据包括不同时间尺度的降水量、云量、风速、相对湿度、平均温度、平均最高温度、平均最低温度、水汽压等。土壤参数包括土壤质地、厚度、土壤容重、田间持水量、植物凋萎系数、pH 值以及土壤碳、氮、磷、硫初始含量。植物层面包括植物氮、磷、硫元素含量及木质素含量。其他初始化输入数据如 CO_2 浓度、土壤性质、木材利用率、土地覆盖、土地利用等因模型不同而异。所有这些数据大多以 NetCDF 的格式读入陆地生态系统模型之中,进一步模拟及预测生态系统中不同变量的变化趋势。网络通用数据格式(Network Common Data Form,NetCDF)文件是一种自描述、与机器无关、基于数组的科学数据格式,同时,也是支持创建、访问和共享这一数据格式的函数库。其常用于大气科学、地球科学、环境科学等方面的数据存储,卫星数据也通常以 NetCDF 格式提供,常被缩写为 nc 文件。NetCDF 文件常常含有几个量,如时间、经度、纬度等,一个由时间、经度、纬度所定义的点可以储存一个或多个数据。NetCDF 文件可用性高,可以使用 Python、NCL、Fortran 等多种语言进行读取。

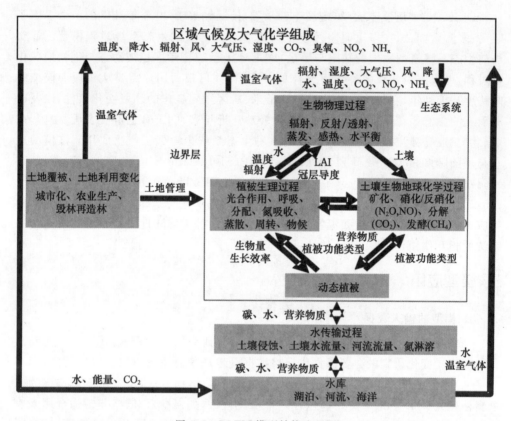

图 9.7   DLEM 模型结构流程图

2. 模型的模拟输出

(1)全球初级生产力模拟

利用过去及未来 CMIP 情景模式下的气象驱动数据,在陆地生态系统模型中可以模拟未来一定时期净初级生产力变化趋势。Twine 等(2009)利用 Agro-IBIS 模型分析了美国中东部自然和管理生态系统 1950—2002 年的 NPP 趋势,认为气候变化提高了大多数农业生态系统的作物生产率。Yuan 等(2014)利用 IBIS 对 1961—2005 年在正常气候条件下的中国 GPP 进行了评估,模拟了中国北方森林 GPP 的空间格局和季节变化,认为该模式能够反映中国 GPP 的总体格局。随后作者定量评估了 1961—2015 年和 2016—2050 年中国 NPP 对气候变化的脆弱性。相比原始 IBIS 模拟的 NPP 普遍低于代表实际情况的监测 NPP,Zeng 等(2021)用改进后的 IBIS 模型,模拟了气候变化下高寒山地生态系统 NPP 动态,为评估区域尺度的人类活动影响提供了科学依据。

Peng 等(1999)等利用 CENTURY 模型研究了加拿大中部的北方森林过渡带 NPP 对气候变化的响应,探讨了 CO_2、施肥和火烧对 NPP 变化的长期影响,发现汤普森(马尼托巴)地区和萨斯喀彻温省南部地区 NPP 的观测值与模拟值一致。模拟结果表明,气候变化将导致加拿大北方森林 NPP 增加。Haxeltine 等(1996)对 BIOME3 模型进行了系列改进完善,并使用该模型模拟了现状气候条件和温室气体加倍条件下气候和 CO_2 浓度对自然植被分布及其 NPP 全球格局的联合影响,其结果显示气候变化本身导致 NPP 增加(6%),但仅发生于相当可观的植被重新分布之后,CO_2 施肥效应的增加导致相当大程度上 NPP 的增加(43%)。此外,也有国内学者利用 BIOME3 模型模拟了我国年度总 NPP 的分布格局和数量特征,以及不同生物群区类型 NPP 的月动态。

(2)全球土壤有机碳模拟

Wang 等(2017)将微生物-酶介导的 MEND 模型与 TRIPLEX-GHG 模型相结合,模拟了全球 1 m 范围的土壤有机碳含量,大约在 1195 Pg,其中有 348 Pg 位于北极高纬度地区,这些结果与全球土壤数据库(HWSD)和北极圈地区土壤数据库(NC-SCD)的数据较为一致。有学者将 IPSL-CM5A-LR 模式下的 RCP2.6、RCP4.5 和 RCP8.5 三种情景模式数据进行了修正,用于 TRIPLEX-MICROBE 对未来气候模式的模拟,预测了未来 3 种情景模式下全球土壤有机碳的变化,得出北极地区的土壤有机碳含量从 2001 年至 2100 年在未来情景模式下将会经历快速的下降。国内学者 Liu 等(2014)利用 IBIS 评估了中国退耕还林(GGP)的碳效应,结果表明,到 2100 年,在 GGP 下的退耕还林面积可吸收 524.36 Tg C。同时,也有学者模型模拟研究发现,中国南方的固碳能力存在较大的空间差异,但固碳潜力较大。GGP 中碳封存的经济效益基于当前碳价格(2000—2100 年为 8.84 亿~44.2 亿美元)估算,可能超过当前 GGP 的总投资(389.9 亿美元)。

21 世纪初 CENTURY 模型在我国得到应用,分别用于模拟和预测我国东北、华北、西北等地生态系统土壤有机碳的循环过程以及未来的变化趋势。例如,许文强等(2010)利用 CENTURY 模型,对西北干旱区人工绿洲开发前后以及不同的农业耕作方式对 0~20 cm 的土壤有机碳的动态影响进行了研究,结果表明:西北干旱人工绿洲的土壤呈现"碳汇"作用,特别在实施了保护性耕作方式下,碳汇作用更加明显。也有学者利用 CENTURY 模型,研究了华北平原长期有机肥和无机肥的施用对冬小麦和夏玉米种植体系土壤有机碳组分的影响,为该区域田间施肥管理提供了科学依据。

（3）全球水文模拟

陆地生态系统模型对水文过程的模拟可以用来识别历史径流变化的影响因素（如气候、人类活动、植被变化等），预估水文过程对未来气候变化和人类活动的响应，探讨合理的水资源管理策略等。Piao等（2007）利用ORCHIDEE模型研究了气候、土地利用变化和CO_2浓度升高对20世纪全球陆地径流量变化的影响，发现CO_2浓度增加导致的叶面积指数（LAI）增加，降低了径流，而土地利用变化和气候的影响超过了CO_2的作用，增加了径流。Li等（2017）利用陆地生物圈CLM模型和包含其在内的CESM地球系统模式研究了野火干扰对陆地水循环的影响，发现野火干扰降低了地表蒸散，增加了地表径流，但是对降水几乎没有影响。Zeng等（2021）通过综合地形影响和水分布过程，建立了修正的模型（$IBIS_t$），利用地形校正因子分别对太阳辐射和降水强度进行校正，将地表径流像元内的再渗入过程集成到配水子模块中，整合了由于地表蒸发引起的土壤水分逆向迁移，以模拟其对土壤水分的影响。Santini等（2018）评估了20个CMIP5地球系统模式中的陆地生物圈模型对刚果河流量的模拟情况，发现模型可以较好地模拟月和年尺度上河流流量对于平均状态的偏离，但是普遍高估了季节变化，特别是低估了枯水期的水量。

（4）全球温室气体排放模拟

目前，国际上已经基于陆地生态系统模型开展了多个温室气体排放评估。大多数评估报告一般都采用多个模型评估结果的均值并提供不确定性分析。在这些全球评估中，一般都使用相同的模型驱动数据集，以确保模型的不确定性主要源自模型本身的差异。例如，TRENDY、MsTMIP、NMIP等模型专注于陆地碳、氮循环及CO_2和N_2O排放的评估。此外，在每年一次的全球碳收支（Global Carbon Budget）评估中，也综合了十多种陆地模型的模拟结果，包括CLM、DLEM、IBIS、LPJml等模型。这些模型已经在不同地区和不同尺度的研究中得到广泛的使用。例如，IBIS已成为一项重要的监测评估温室气体的工具，张小敏等（2016）模拟了IPCC SresA2、SresB1情景下中国植物生物量与植物叶片CH_4排放量，在SresA2情景下，如果不考虑天气对光照的影响，植物叶片甲烷排放年均2.69 Tg，约是全国年甲烷排放总量7.01%，是中国稻田甲烷排放总量的29.05%。Zhu等（2014）基于IBIS改进后的TRIPLEX-GHG模型，模拟了CH_4从单点到全球尺度的排放，并且利用该模型估算模拟了中国（10 km）和全球（0.5°）湿地CH_4的排放量。也有人利用TRIPLEX-GHG模型，通过整合硝化和反硝化过程对氮循环进行了改进，模拟了天然森林和草原N_2O排放量。

第二节　地球系统模式简介

地球系统模式（Earth System Models，ESMs）是一种用于模拟地球气候、生态和地球生物化学过程的计算机模型,也是模拟地球各个部分最复杂的模式。这些模型综合考虑了大气、海洋、陆地、冰冻圈和生物圈等多个组成部分,以及它们之间的相互作用。它们建立在物理学的基本定律(Navier-Stokes 或 Clausius-Clapeyron 方程)或从观测中建立的经验关系的基础上,并在可能的情况下受到基本守恒定律(例如,质量和能量)的约束。地球系统模式基于三维离散网格,使用高性能计算机对气候相关变量的演变进行数值计算,并且需要大量的数据和模型参数进行初始化和校准。该模式同时也可以用于预测未来的气候变化、评估不同的气候政策和管理方案,以及探索生态系统和地球生物化学循环的复杂性。

地球系统模式通常由多个子模型组成,这些子模型通常使用物理学、化学和生态学的基本原理来描述它们所代表的过程,每个子模型负责模拟不同的过程,如大气循环、海洋循环、陆地生态系统和碳循环等,各个子模型一般通过耦合器完成物质循环和能量平衡。上一节介绍的陆地生态系统模型是地球系统模式最重要的子模型之一,其余子模型包括大气模式、河流径流模型、海洋模型、海冰模型等。地球系统模式还需要考虑到不同的社会经济情景、人口增长和技术进步等外部因素,以便更好地预测未来的气候和生态系统状态。

国内外主流地球系统模式发展计划或研究机构有:欧洲地球系统模拟计划(European Network for Earth System modelling,ENES)、日本地球模拟器计划(Earth Simulator)、美国地球流体动力实验室(GFDL)、美国国家大气研究中心(NCAR)等。图 9.8 是美国通用地球系统模式(Community Earth System Model,CESM)示意图。

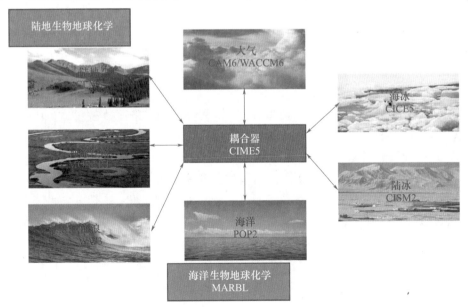

图 9.8　美国通用地球系统模式(Community Earth System Model,CESM)

一、全球气候模式

气候模型是一种用于模拟地球气候变化的数学模型。它考虑了太阳辐射、大气成分、海洋运动等多个因素，并通过计算机模拟来预测未来的气候变化。大气环流模式（General Circulation Model，GCM）是描述行星大气或海洋的数学模型，其基于旋转球体的纳维-斯托克斯方程，包括热力学来反映许多能量源（比如辐射、潜热），被广泛应用于全球气候变化研究。全球气候模式（Global Climate Model，GCM）主要包括全球大气和海洋环流模式（AGCM 和 OGCM）、海冰、陆地表面过程等，将地球划分成若干个网格，对全球气候系统进行模拟和预测。最早的气候模式是由真锅淑郎（Syukuro Manabe）和科克·布莱恩（Kirk Bryan）在位于普林斯顿的地球物理流体动力学实验室（Geophysical Fluid Dynamics Laboratory）里创造的。

1956 年美国学者诺曼·菲利普斯（Norman Phillips）提出了一个可以真实描述对流层的月和季度天气模式的数学模型，该模型成为第一个成功的气候模式。紧接着菲利普斯的研究工作，几个研究小组开始创造"大气环流模式"。第一个包含有海洋和大气过程的大气环流模式是在 20 世纪 60 年代由美国国家海洋和大气管理局（NOAA）的地球物理流体动力学实验室发展起来。到了 20 世纪 80 年代早期，美国国家大气研究中心（National Center for Atmospheric Research，NCAR）已经发展出社群大气模式（Community Atmosphere Model），其后得到不断完善，直到目前仍在更新使用。20 世纪 90 年代开始考虑大气与地球表面之间的交互作用，目的是为了更接近实际状况而演化出耦合模式（Couple Model），尤以占地球面积最大的海洋，其温度受到大气作用而每分每秒都在变化，海面的温度也会反馈给大气。大气模式预报一个时间步长后将结果传达给海洋模式，海洋模式接着预报一时间步长并回传，两种模式彼此循环预报成为海气耦合环流模式（CGCM 或 AOGCM）。而海洋模式、海冰模式、路面蒸散模式、河流径流模式等，由许多模式构成整个全球耦合环流模式便成了完整的气候模式基础，在此架构下，便可以用来探讨气候变迁的反应（图 9.9）。

在全球变暖的背景下，地球气候系统的变化影响着人类的生存和发展，并成为全球关注的重大政治、经济和外交问题。妥善应对全球变化，离不开全球气候模式对气候现象的准确模拟，以及对未来气候变化的正确预估（即月、季节、年际以及年代际预测）。因此，全球气候模式的发展直接影响着气候变化政策的制定及政府的外交决策，进一步影响着国民经济的发展。然而，由于对全球气候模式中，特别是大气环流分量模式中物理过程的描述不够准确，全球气候模式对未来气候情景预估具有很大不确定性。

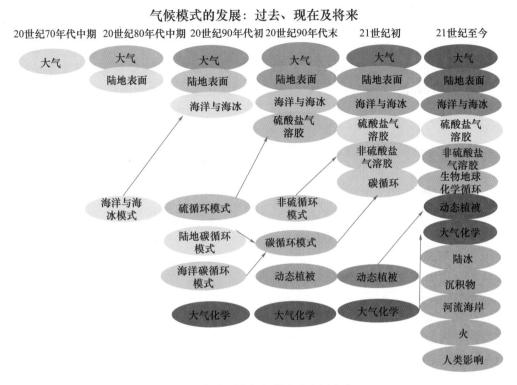

图 9.9　20 世纪 70 年代至今气候模式的发展变化(IPCC,2001)

二、水文模型

　　水资源系统规模庞大、结构复杂、影响因素众多。目前水资源开发利用和人类活动结合日趋紧密,从而在水资源时空分布、生产和生态用水需求等方面产生了众多矛盾,而对这些问题的有效解决方案必须建立在流域或区域基础之上,甚至必须考虑和相关流域或区域的关系,这使得将水文水资源系统作为一个整体进行模拟具有重要意义。水文模型是一种用于模拟水文循环过程的数学模型,它们考虑了降水、蒸发、蒸散、径流等多个因素,可以预测地表水和地下水的数量和质量变化,为水资源管理和水灾风险的评估提供帮助。

　　从反映水流运动空间变化的能力而言,水文模型可以分为分布式水文模型和集中式水文模型。分布式水文模型基于地理信息系统(GIS)和遥感数据,将流域划分成若干个单元格,每个单元格代表一个空间单位,考虑降雨、蒸发、渗透、径流等水文要素在不同单元格之间的转移和变化,以模拟流域的水文过程和水循环。集中式水文模型则将流域视为一个整体,采用简化的数学公式描述降雨、蒸发、渗透、径流等水文过程,以推断出流域的径流量。相对于分布式水文模型,集中式水文模型采用的数学方程通常不考虑流域下垫面特性、水文过程、模型的输入变量等要素的空间差异性。

水文模型又可分为系统理论模型、概念性模型和数学物理模型。系统理论模型又称为"黑箱模型"。该类型模型依据系统的输入输出资料,用某种方法推求系统的响应函数。这种模型的内部运行机制不是直接描述流域水文物理过程,而是通过经验分析对于一定的输入数据产生相应的输出结果。代表性模型有总径流线性响应模型(TLR)、线性扰动模型(LPM)以及神经网络(ANN)模型等。

概念性模型是以水文现象的物理概念和一些经验公式为基础构造的,它把流域的物理基础(如下垫面)进行概化(线性水库、土层划分、蓄水容量曲线等),再结合水文经验公式(下渗曲线、汇流单位线、蒸散公式等)来近似地模拟流域水文过程,如斯坦福流域水文模型(Stanford Watershed Model)、基于物理机制的分布式水文模型(Physically-based Distributed Tank,PDTank)、新安江模型、萨克拉门托模型(Sacramento)等都属于这一类模型。

数学物理模型依据物理学的质量、动量和能量守恒定律以及流域产汇流特性构造水动力学方程组,来模拟降水径流在时空上的变化、能够考虑水文循环的动力学机制和相邻单元间的空间关系,模拟参数可以直接测量或推算。其中有代表性的模型包括欧洲水文系统模型(System Hydrological European,SHE)、土地利用与水文过程模拟模型(Soil and Water Assessment Tool,SWAT)等。

SWAT 是在 SWRRB 模型基础上发展起来的一个长时段的流域分布式水文模型(图 9.10)。该模型具有很强的物理基础,适用于具有不同的土壤类型、不同的土地利用方式和管理条件下的复杂大流域,并能在资料缺乏的地区建模。从模型结构看,SWAT 属于分布式水文模型,即在每一个网格单元(或子流域)上应用传统的概念性模型来推求净降雨量,再进行汇流演算,最后求得出口断面流量。它明显不同于 SHE 模型等分布式水文模型,即应用数值分析来建立相邻网格单元之间的时空关系。从建模技术看,SWAT 采用先进的模块化设计思路,每一个环节对应一个子模块,十分方便模型的扩展和应用。在运行方式上,SWAT 采用独特的命令代码控制方式,用来控制水流在子流域间和河网中的演进过程,这种控制方式使得添加水库的调蓄作用变得异常简单。SWAT 的功能十分强大,还能够用来模拟和分析水土流失、非点源污染、农业管理等问题。

三、土地利用模型

土地利用模型是一种用于模拟和预测土地利用变化过程的数学模型。它们通常基于地理信息系统(GIS)和遥感数据,考虑了人类活动、自然过程、政策干预等因素,可以预测土地利用变化对生态系统和经济发展的影响,为制定土地规划和政策提供支持。

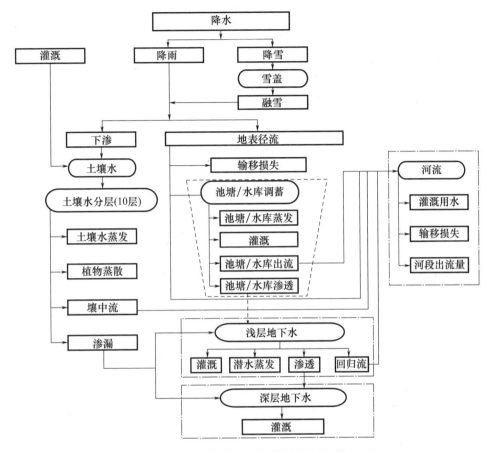

图 9.10　SWAT 模型结构示意图(王中根 等,2003)

　　现阶段土地利用变化模型主要包括马尔科夫模型(Markov)、系统动力学模型(System Dynamics，SD)、元胞自动机(Cellular Automata，CA)、SLEUTH 模型、CLUE-S 模型、多主体模型(Agent-Based Model，ABM)、FLUS 模型(未来土地利用变化模拟模型)和 GeoSOS(地理模拟与优化系统)等。各模型在土地利用变化模拟过程中有其明显的优势和不足,目前,几乎没有单一的模型能够捕捉土地利用变化的所有复杂特征。因此,多模型耦合或综合其他方法改进现有模型成为土地利用变化模型发展的主要趋势。

　　土地利用模型主要分为静态模型和动态模型两种。静态模型通常假设土地利用不变,即未来土地利用与当前土地利用相同。这种模型适用于研究不需要考虑未来土地利用变化,如自然资源评估和环境影响评价。动态模型考虑了土地利用的变化过程,可以预测未来的土地利用状况。它们通常基于马尔科夫过程、元胞自动机、神经网络等数学方法,结合地理信息系统和遥感数据,分析土地利用变化的驱动因素和机制,为制定土地利用规划和政策提供决策支持。乔治等(2022)通过对比分析众多土地利用变化研究,梳理出当前研究的基本范式(图9.11)。

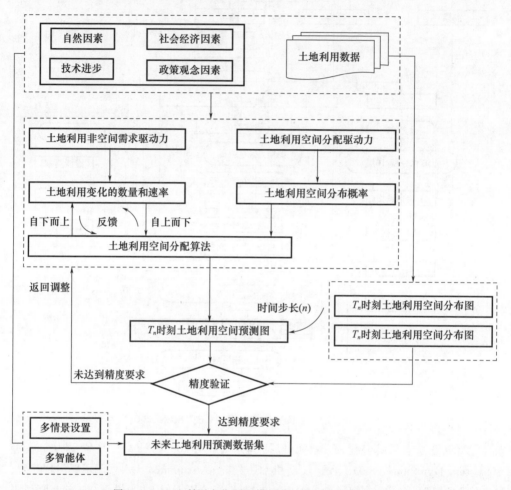

图 9.11　土地利用变化预测模拟范式图(乔治 等,2022)

四、全球未来气候情景模式

情景是对未来如何发展的一种描述,其基础是一套关于关键驱动力的连贯和内部一致的假设,这些驱动力包括人口统计学、经济进程、技术创新、环境治理、生活方式和这些驱动力之间的关系(IPCC,2001)。情景也可以仅由地球物理驱动力来定义,如温室气体的排放、气溶胶和气溶胶前体物或土地使用模式。情景不是预测,相反,他们提供了一个关于不同发展和行动的影响的"假设"调查。全球气候变化评估报告中使用的情景包括各种假设的"基准情景"或"参考未来",这些情景在没有任何额外气候政策的情况下可能会展开。这些"参考情景"来源于对一系列广泛的社会经济驱动因素的综合分析,如人口增长、技术发展和经济发展,以及它们对相关能源、土地利用和排放影响的广泛范畴。随着实际排放取代之前的排放假设,情景的开始时间也发生了变化,同时也出现了对可信的人口趋势、行为变化和技术选择以及排放的其他关键社会经济驱动因素的新的科学见解。IPCC 报告中评估的情景和模拟实验随着时间的推移而发展,提供了"人们如何看待未来的历史"。在过去的几十年里,人们利用不同的情景制定了许多不同的气候预测。

IPCC 第一个广泛使用的排放情景集是 1992 年的 IS92 情景。除了参考方案外,IS92 还包括一系列稳定方案,即所谓的"S"方案。这些"S"路径被设计成使二氧化碳稳定在 350 ppm 或 450 ppm 的水平。到 1996 年,研究人员对后一种稳定水平进行了补充,补充了假设气候变化缓解行动延迟开始的替代轨迹。到 2000 年,IPCC 关于排放情景的特别报告提出了 SRES 情景(IPCC,2001),这是最先强调社会经济的情景,也是最先强调其他温室气体、土地利用变化和气溶胶的情景。

随后,RCP 情景开辟了新的领域,提供了低排放途径,这意味着强烈的气候变化缓解,包括一个在大尺度下 CO_2 负排放的例子,即 RCP2.6。"Representative(典型的)"一词意味着每个 RCP 只是导致特定辐射强迫特征的三种可能情景中的一种,涵盖了从低于 2 ℃ 变暖到 21 世纪末高于 4 ℃ 的变暖范围,主要包括 RCP2.6、RCP4.5、RCP6.0 和 RCP8.5 几种情景。

在 2021 年最新一期 IPCC 第六次评估报告中,对可能的未来气候变化,报告一致考虑了五种新的排放情景,分别是 SSP1-1.9、SSP1-2.6、SSP2-4.5、SSP3-7.0 和 SSP5-8.5。相比第五次评估报告探讨更广泛的温室气体、土地使用和空气污染物等未来的气候响应。此次报告提供了相对于 1850—1900 年的近期(2021—2040 年)、中期(2041—2060 年)和长期(2081—2100 年)情景结果。在整个报告中,包含有被称为 SSPx-y 的五个说明性的情景模式,"SSPx"指的是共享的社会经济路径或趋势,"y"指的是至 2100 年辐射强迫的近似强度(W·m^{-2})。它们开始于 2015 年,包括温室气体排放高或非常高的情景(SSP3-7.0 和 SSP5-8.5),即 CO_2 排放分别在 2100 年和 2050 年比当前水平翻一番的情景;以及温室气体排放中等的情景(SSP2-4.5),到 21 世纪中叶 CO_2 排放保持在当前水平左右的情景;以及在 2050 年前后温室气体排放非常低和低的情景,即 CO_2 排放降至净零,随后是不同水平的 CO_2 净负排放(SSP1-1.9 和 SSP1-2.6),如图 9.12 所示。不同情景的排放量不同,取决于社会经济假设、减缓气候变化的程度,以及对气溶胶和非甲烷臭氧前体物的空气污染控制。

根据考虑的所有排放情景,全球表面温度将继续上升,至少到 21 世纪中叶。除非在未来几十年大幅减少 CO_2 和其他温室气体排放,否则 21 世纪的全球变暖将超过 1.5 ℃ 和 2 ℃(表 9.2)。

未来的排放导致未来的进一步变暖，总变暖主要是由过去和未来的二氧化碳排放量导致

(a) 五个说明性情景模式中，未来年CO₂排放量(左)和关键非CO₂驱动因素子集(右)的未来年排放量

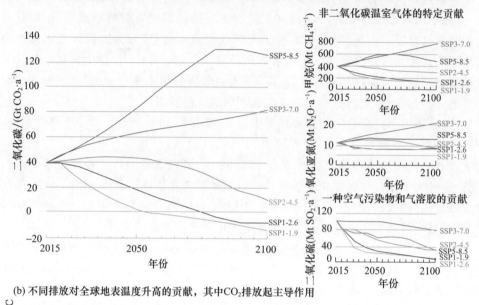

(b) 不同排放对全球地表温度升高的贡献，其中CO₂排放起主导作用

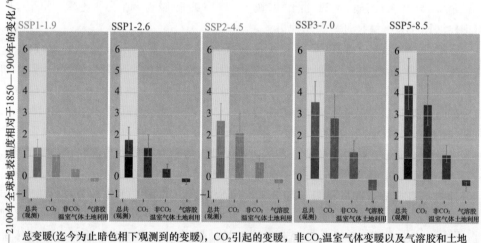

总变暖(迄今为止暗色相下观测到的变暖)，CO₂引起的变暖，非CO₂温室气体变暖以及气溶胶和土地利用变化变冷

图 9.12　五个说明性情景模式中，未来气候变化主要驱动因素和驱动因素组对变暖的贡献(IPCC，2021)
（在本次报告中使用的五个说明性情景 SSP1-1.9、SSP1-2.6、SSP2-4.5、SSP3-7.0 和 SSP5-8.5）

(a)2015—2100 年期间的年度人为排放。图中显示了所有部门的二氧化碳(CO₂)排放轨迹(Gt CO₂ · a⁻¹)(左图)，以及三个主要非二氧化碳驱动因素的子集：甲烷(CH₄，Mt CH₄ · a⁻¹，右上图)，氧化亚氮(N₂O，Mt N₂O · a⁻¹，右中图)和二氧化硫(SO₂，Mt SO₂ · a⁻¹，右下图)；(b)按人为驱动因素和情景分组的变暖贡献，图中显示为2081—2100 年相对于 1850—1900 年的全球地表温度(℃)变化，并指出迄今观测到的变暖

表 9.2　基于多个证据对选定的 20 年时间段和考虑的 5 个说明性排放情景的全球地表温度变化进行了评估。相对于 1850—1900 年期间全球平均地表温度的温度差（单位：℃ ）

情景	近期,2021—2040 年		中期,2041—2060 年		远期,2081—2100 年	
	最优估计	置信区间	最优估计	置信区间	最优估计	置信区间
SSP1-1.9	1.5	1.2～1.7	1.6	1.2～2.0	1.4	1.0～1.8
SSP1-2.6	1.5	1.2～1.8	1.7	1.3～2.2	1.8	1.3～2.4
SSP2-4.5	1.5	1.2～1.8	2.0	1.6～2.5	2.7	2.1～3.5
SSP3-7.0	1.5	1.2～1.8	2.1	1.7～2.6	3.6	2.8～4.6
SSP5-8.5	1.6	1.3～1.9	2.4	1.9～3.0	4.4	3.3～5.7

根据最新的 IPCC 第六次评估报告,未来气候情景模式对生态系统的影响主要包括以下几个方面。

① 生态系统变化:随着全球温度的升高,许多生态系统将经历显著的变化,包括陆地和海洋生态系统。例如,气温升高和降水模式的变化将导致生态系统的物种组成和分布范围发生变化,对生态系统的生产力、物种丰富度、生态系统服务和碳汇能力等产生影响。

② 生物多样性:全球气候变化对生物多样性的影响可能是最大的。预计气候变化将对陆地和海洋生物多样性造成负面影响,大量陆地生物物种灭绝,海洋生物减少及珊瑚礁退化。如果生物多样性减少,就会导致生态系统的稳定性和生产力下降,进而对人类生存和发展产生负面影响。例如,许多生态系统中的植物和动物对人类提供重要的食物、药物和其他生物资源,它们的灭绝将对人类造成经济和文化上的损失。

③ 森林覆盖率:全球气候变化将对森林覆盖率和林木种类分布产生重大影响。预计气候变化将导致一些地区的森林减少,而在其他地区则可能出现新的森林生长。森林面积的减少和变化可能会影响生态系统服务和碳汇能力。

④ 海洋酸化:随着大气 CO_2 浓度的升高,预计海洋酸化将继续加剧,对海洋生态系统的影响将更加明显。酸化会对海洋生物的骨骼和贝壳形成产生负面影响,还可能导致生物多样性的减少。

⑤ 冰川消融:气候变化已经导致全球冰川的消融加剧。这将对冰川周围的生态系统和物种产生负面影响,并可能导致海平面上升,进一步影响沿海生态系统。

总之,气候变化将对全球生态系统和物种产生重大影响,这些影响可能对人类福祉和生计产生深远影响。因此,应该采取措施减缓气候变化,并适应变化,以最大限度地保护地球生态系统。

五、不确定性分析

当评估和分析物理气候系统的模拟时,需要考虑不同来源的不确定性。来源包括辐射强迫的不确定性(包括过去观测到的和未来预测的)、气候对特定辐射强迫响应的不确定性;气候系统的内部和自然变化以及这些来源之间的相互作用的不确定性。气候模式的相关实验既包括受过去辐射强迫限制的历史模拟,也包括受温室气体浓度、排放或辐射强迫等特定驱动因素限制的未来气候预估。

(1)辐射强迫的不确定性

未来的辐射强迫是不确定的,因为未知的社会选择将决定未来的人为排放,这被认为是"情景不确定性"。RCP 和 SSP 情景是形成气候预测评估报告的基础,旨在跨越未来路径的合理范围,可以用来估计情景中不确定性的大小,但真正的世界其可能途径也许不同于其中任何一个例子。另外,关于过去的辐射和辐射强迫也存在不确定性,这些对古气候时期的模拟尤其重要。在卫星观测之前,大型火山喷发的规模和太阳活动变化的幅度也不确定。历史辐射强迫不确定性的作用以前未被考虑,但是,自 IPCC 第五次评估报告以来,已经进行了特定的模拟来研究这个问题,特别是人为气溶胶辐射强迫的不确定性的影响。

(2)气候响应的不确定性

在任何特定情景下,气候将如何响应指定的排放或辐射强迫存在不确定性。一系列气候模式通常用于估计我们对关键物理过程理解的不确定性范围,并定义"模式响应不确定性"。然而,这个范围并不一定代表气候如何对特定辐射强迫或排放情景做出反应的全部"气候响应不确定性"。CMIP 实验中使用的气候模式具有结构不确定性,这在典型的多模式练习中没有探索,存在小的空间尺度特征无法解决,而长时间尺度的过程并没有被完全表示出来。

(3)模型验证数据的不确定性

生态系统模型模拟预测及参数率定均高度依赖于观测数据的精确性及广泛性,尤其是对于大尺度全球生态系统的模拟预测。早期主要通过搜集整理各类观测数据,用以校准模型参数。随着科学技术的进步,大范围、大尺度动态监测成为可能。例如,全球温室气体(CO_2、CH_4)通量塔和中国通量观测研究网络(ChinaFLUX)的建立、遥感卫星数据的应用、土壤呼吸动态监测网络数据库(Continuous Soil Respiration)等的建立,均为模型验证提供了越来越多的数据,支持着生态系统模型向着更好的方向发展。

(4)自然和内部气候变化的不确定性

即使没有任何人为的辐射强迫,由于太阳活动和火山爆发等不可预测的自然因素,在预测未来气候方面仍然存在不确定性。在更长的时间尺度上,轨道效应和板块构造也起着作用。此外,即使在辐射强迫没有任何人为或自然变化的情况下,地球气候在时间尺度上也从几天到几十年或更长时间波动。这些"内部"变化,如厄尔尼诺与南方涛动(El Niño-Southern Oscillation,ENSO)和太平洋年代际变率(PDV)等,在比未来几年更长的时间尺度上是不可预测的,这是理解某一特定十年中气候如何变化的不确定性来源,特别是在区域方面。

另外,并非所有列出的不确定性来源都属于同一类型。例如,内部气候变化是一种内在的不确定性,可以用概率估计,也可以更精确地量化,但通常不能减少。其他的不确定性来源,如模型响应的不确定性,在原则上是可以减少的。鉴于未来的人为排放可以被认为是一系列社会选择的结果,情景不确定性部分与其他不确定性不同。

生态系统模型处于不断发展中,通常具有以下的优势和弊端。优势首先体现在有效性,通过数学建模的方式,可以对生态系统的复杂过程进行量化和定量描述,从而更好地理解生态系统中各种因素之间的相互作用;其次是预测性,通过对生态系统进行建模,可以预测不同因素对生态系统的影响,帮助管理者制定更好的生态保护政策和资源管理计划。最后是可以大尺度量化生态系统,实验调查仅可以从点上获取所需知识,而模型可以从面上进行模拟预测分析。弊端首先是不完备性,因为生态系统是一个复杂的系统,涉及众多的物理、化学、生物、经济和社会因素,目前的生态系统模型还难以完全包含所有的这些因素;其次是不确定性,由于涉及大量的数据和变量,生态系统模型的结果很容易受到各种不确定因素的影响,比如数据缺失、参数校准、模型假设等。最后生态系统模型尤其是全球大尺度模拟通常需要大量的计算资源和数据,这也限制了其广泛应用的范围。

复习思考题

1. 简述植被动态模型的发展过程。
2. 结合所学内容思考统计经验模型与过程模型的区别。
3. 简述情景模式及最新不同情景模式之间的差别。
4. 未来气候情景模式对生态系统的影响主要包括哪几方面?
5. 何为不确定性分析,其来源有哪些?

参考文献

乔治,蒋玉颖,贺瞳,等,2022. 土地利用变化模拟研究进展[J]. 生态学报,42(13):5165-5176.
王旭洋,李玉强,连杰,等,2019. CENTURY 模型在不同生态系统的土壤有机碳动态预测研究进展

［J］. 草业学报，28(2):179-189.

王中根，刘昌明，黄友波，2003. SWAT 模型的原理、结构及应用研究［J］. 地理科学进展，22(1):79-86.

许文强，陈曦，罗格平，等，2010. 基于 CENTURY 模型研究干旱区人工绿洲开发与管理模式变化对土壤碳动态的影响［J］. 生态学报，30(14)：3707-3716.

于贵瑞，张黎，何洪林，等，2021. 大尺度陆地生态系统动态变化与空间变异的过程模型及模拟系统［J］. 应用生态学报，32(8):2653-2665.

张小敏，张秀英，朱求安，等，2016. 中国陆地自然植物有氧甲烷排放空间分布模拟及其气候效应［J］. 生态学报，36(3)：580－591.

HAXELTINE A, PRENTICE I C, 1996. BIOME3: An equilibrium terrestrial biosphere model based on ecophysiological constraints, resource availability, and competition among plant functional types［J］. Global Biogeochem. Cy. , 10(4)：693-709.

IPCC, 2001. Climate Change 2001: The Scientific Basis. Contribution of Working Group I to the Third Assessment Report of the Intergovernmental Panel on Climate Change［R］. Cambridge University Press, Cambridge, United Kingdom and New York, NY, USA, 881.

IPCC, 2021. Summary for Policymakers. In: Climate Change 2021: The Physical Science Basis. Contribution of Working Group I to the Sixth Assessment Report of the Intergovernmental Panel on Climate Change ［R］. Cambridge University Press.

LI F, LAWRENCE D M, 2017. Role of fire in the global land water budget during the twentieth century due to changing ecosystems［J］. Journal of Climate, 30: 1893-1908.

LIU D, CHEN Y, CAI W, et al, 2014. The contribution of China's Grain to Green Program to carbon sequestration［J］. Landscape Ecology, 29(10): 1675-1688.

PENG C, APPS M J, 1999. Modelling the response of net primary productivity (NPP) of boreal forest ecosystems to changes in climate and fire disturbance regimes［J］. Ecol. Model, 122(3): 175-193.

PIAO S, FRIEDLINGSTEIN P, CIAIS P, et al, 2007. Changes in climate and land use have a larger direct impact than rising CO_2 on global river runoff trends［J］. Proc. Natl. Acad. Sci. USA, 104 (39): 15242-15247.

SANTINI M, CAPORASO L, 2018. Evaluation of freshwater flow from rivers to the sea in CMIP5 simulations: insights from the Congo river basin［J］. Journal of Geophysical Research, 123: 10278-10300.

TWINE T E, KUCHARIK C J, 2009. Climate impacts on net primary productivity trends in natural and managed ecosystems of the central and eastern United States［J］. Agricultural and Forest Meteorology, 149(12): 2143-2161.

WANG K, PENG C, ZHU Q, et al, 2017. Modeling global soil carbon and soil microbial carbon by integrating microbial processes into the ecosystem process model TRIPLEX-GHG［J］. Journal of Advances in Modeling Earth Systems, 9(6): 2368-2384.

YUAN W, LIU D, DONG W, et al, 2014. Multiyear precipitation reduction strongly decreases carbon uptake over northern China[J]. Journal of Geophysical Research：Biogeosciences，119（5）：881-896.

ZENG B，ZHANG F，WEI L，et al，2021. An improved IBIS model for simulating NPP dynamics in alpine mountain ecosystems：A case study in the eastern Qilian Mountains，northeastern Tibetan Plateau[J]. Catena，206：105479.

ZHU Q，LIU J，PENG C，et al，2014. Modelling methane emissions from natural wetlands by development and application of the TRIPLEX-GHG model[J]. Geoscientific Model Development，7（3）：981-999.